박영훈 선생님의

생각하는 초등연산

◇ 당신은 언제나 옳습니다. 그대의 삶을 응원합니다. – 라의눈출판그룹

박영훈 선생님의

생각하는 초등연산 8권

초판 1쇄 | 2023년 7월 15일

지은이 | 박영훈
펴낸이 | 설응도　　편집주간 | 안은주
영업책임 | 민경업　　디자인 | 박성진

펴낸곳 | 라의눈

출판등록 | 2014년 1월 13일(제2019-000228호)
주소 | 서울시 강남구 테헤란로78길 14-12(대치동) 동영빌딩 4층
전화 | 02-466-1283　　팩스 | 02-466-1301

문의(e-mail)　편집 | editor@eyeofra.co.kr
영업마케팅 | marketing@eyeofra.co.kr
경영지원 | management@eyeofra.co.kr

ISBN 979-11-92151-53-3 64410
ISBN 979-11-92151-06-9 64410(세트)

박영훈 선생님의

생각하는 초등연산

★ 박영훈 지음 ★

8권

4학년

라의눈

<생각하는 연산>을 지도하는 선생님과 학부모님께

수학의 기초는 '계산'일까요, 아니면 '연산'일까요? 계산과 연산은 어떻게 다를까요?

54+39=93

이 덧셈의 답만 구하는 것은 계산입니다. 단순화된 계산절차를 기계적으로 따르면 쉽게 답을 얻습니다.
반면 '연산'은 93이라는 답이 나오는 과정에 주목합니다. 4와 9를 더한 13에서 1과 3을 왜 각각 구별해야 하는지, 왜 올려 쓰고 내려 써야 하는지 이해하는 것입니다. 절차를 무작정 따르지 않고, 그 절차를 스스로 생각하여 만드는 것이 바로 연산입니다.

```
  1
 54
+39
---
 93
```

덧셈의 원리를 이렇게 이해하면 뺄셈과 곱셈으로 그리고 나눗셈까지 차례로 확장할 수 있습니다. 수학 공부의 참모습은 이런 것입니다. 형성된 개념을 토대로 새로운 개념을 하나씩 쌓아가는 것이 수학의 본질이니까요. 당연히 생각할 시간이 필요하고, 그래서 '느린 수학'입니다. 그렇게 얻은 수학의 지식과 개념은 완벽하게 내면화되어 다음 단계로 이어지거나 쉽게 응용할 수 있습니다.

```
  1
 13
× 5
---
 65
```

그러나 왜 그런지 모른 채 절차 외우기에만 열중했다면, 그 후에도 계속 외워야 하고 응용도 별개로 외워야 합니다. 그러다 지치거나 기억의 한계 때문에 잊어버릴 수밖에 없어 포기하는 상황에 놓이게 되겠죠.

아이가 연산문제에서 자꾸 실수를 하나요? 그래서 각 페이지마다 숫자만 빼곡히 이삼십 개의 계산 문제를 늘어놓은 문제지를 풀게 하고, 심지어 시계까지 동원해 아이들을 압박하는 것은 아닌가요? 그것은 교육(education)이 아닌 훈련(training)입니다. 빨리 정확하게 계산하는 것을 목표로 하는 숨 막히는 훈련의 결과는 다음과 같은 심각한 부작용을 가져옵니다.

첫째, 아이가 스스로 생각할 수 있는 능력을 포기하게 됩니다.

둘째, 의미도 모른 채 제시된 절차를 기계적으로 따르기만 하였기에 수학에서 가장 중요한 연결하는 사고를 할 수 없게 됩니다.
셋째, 결국 다른 사람에게 의존하는 수동적 존재로 전락합니다.

빨리 정확하게 계산하는 것보다 중요한 것은 왜 그런지 원리를 이해하는 것이고, 그것이 바로 연산입니다. 계산기는 있지만 연산기가 없는 이유를 이해하시겠죠. 계산은 기계가 할 수 있지만, 생각하고 이해해야 하는 연산은 사람만 할 수 있습니다. 그래서 연산은 수학입니다. 계산이 아닌 연산 학습은 왜 그런지에 대한 이해가 핵심이므로 굳이 외우지 않아도 헷갈리는 법이 없고 틀릴 수가 없습니다.

수학의 기초는 '계산'이 아니라 '연산'입니다

'연산'이라 쓰고 '계산'만 반복하는 지루하고 재미없는 훈련은 이제 멈추어야 합니다.
태어날 때부터 자적 호기심이 충만한 아이들은 당연히 생각하는 것을 즐거워합니다. 타고난 아이들의 생각이 계속 무럭무럭 자라날 수 있도록 『생각하는 초등연산』은 처음부터 끝까지 세심하게 설계되어 있습니다. 각각의 문제마다 아이가 '생각'할 수 있게끔 자극을 주기 위해 나름의 깊은 의도가 들어 있습니다. 아이 스스로 하나씩 원리를 깨우칠 수 있도록 문제의 구성이 정교하게 이루어졌다는 것입니다. 이를 위해서는 앞의 문제가 그 다음 문제의 단서가 되어야겠기에, 밑바탕에는 자연스럽게 인지학습심리학 이론으로 무장했습니다.

이렇게 구성된 『생각하는 초등연산』의 문제 하나를 풀이하는 것은 등산로에 놓여 있는 계단 하나를 오르는 것에 비유할 수 있습니다. 계단 하나를 오르면 스스로 다음 계단을 오를 수 있고, 그렇게 계단을 하나씩 올라설 때마다 새로운 것이 보이고 더 멀리 보이듯, 마침내는 꼭대기에 올라서면 거대한 연산의 맥락을 이해할 수 있게 됩니다. 높은 산의 정상에 올라 사칙연산의 개념을 한눈에 조망할 수 있게 되는 것이죠. 그렇게 아이 스스로 연산의 원리를 발견하고 규칙을 만들 수 있는 능력을 기르는 것이 『생각하는 초등연산』이 추구하는 교육입니다.

연산의 중요성은 아무리 강조해도 지나치지 않습니다. 연산은 이후에 펼쳐지는 수학의 맥락과 개념을 이해하는 기초이며 동시에 사고가 본질이자 핵심인 수학의 한 분야입니다. 이제 계산은 빠르고 정확해야 한다는 구시대적 고정관념에서 벗어나서, 아이가 혼자 생각하고 스스로 답을 찾아내도록 기다려 주세요. 처음엔 느린 듯하지만, 스스로 찾아낸 해답은 고등학교 수학 학습을 마무리할 때까지 흔들리지 않는 튼튼한 기반이 되어줄 겁니다. 그것이 느린 것처럼 보이지만 오히려 빠른 길임을 우리 어른들은 경험적으로 잘 알고 있습니다.

시험문제 풀이에서 빠른 계산이 필요하다는 주장은 수학에 대한 무지에서 비롯되었으니, 이에 현혹되는 선생님과 학생들이 더 이상 나오지 않았으면 하는 바람을 담아 『생각하는 초등연산』을 세상에 내놓았습니다. 인스턴트가 아닌 유기농 식품과 같다고나 할까요. 아무쪼록 산수가 아닌 수학을 배우고자 하는 아이들에게 『생각하는 초등연산』이 진정한 의미의 연산 학습 도우미가 되기를 바랍니다.

박영훈

박영훈 선생님의
생각하는
초등연산

이 책만의 특징과 구성

이 책만의 특징 01

'계산' 말고 '연산'!

수학을 잘하려면 '계산' 말고 '연산'을 잘해야 합니다. 많은 사람들이 오해하는 것처럼 빨리 정확히 계산하기 위해 연산을 배우는 것이 아닙니다. 연산은 수학의 구조와 원리를 이해하는 시작점입니다. 연산 학습에도 이해력, 문제해결능력, 추론능력이 핵심요소입니다. 계산을 빨리 정확하게 하기 위한 기능의 습득은 수학이 아니고, 연산 그 자체가 수학입니다. 그래서 『생각하는 초등연산』은 '계산'이 아니라 '연산'을 가르칩니다.

이 책만의 특징 02

스스로 원리를 발견하고, 개념을 확장하는 연산

다른 계산학습서와 다르지 않게 보인다고요? 제시된 절차를 외워 생각하지 않고 기계적으로 반복하여 빠른 답을 구하도록 강요하는 계산 학습서와는 비교할 수 없습니다.

이 책으로 공부할 땐 절대로 문제 순서를 바꾸면 안 됩니다. 생각의 흐름에는 순서가 있고, 이 책의 문제 배열은 그 흐름에 맞추었기 때문이죠. 문제마다 깊은 의도가 숨어 있고, 앞의 문제는 다음 문제의 단서이기도 합니다. 순서대로 문제풀이를 하다보면 스스로 원리를 깨우쳐 자연스럽게 이해하고 개념을 확장할 수 있습니다. 인지학습심리학은 그래서 필요합니다. 1번부터 차례로 차근차근 풀게 해주세요.

이 책만의 특징 03

게임처럼 재미있는 연산

게임도 결국 문제를 해결하는 것입니다. 시간 가는 줄 모르고 게임에 몰두하는 것은 재미있기 때문이죠. 왜 재미있을까요? 화면에 펼쳐진 게임 장면을 자신이 스스로 해결할 수 있다고 여겨 도전하고 성취감을 맛보기 때문입니다. 타고난 지적 호기심을 충족시킬 만큼 생각하게 만드는 것이죠. 그렇게 아이는 원래 생각할 수 있고 능동적으로 문제 해결을 좋아하는 지적인 존재입니다.

아이들이 연산공부를 하기 싫어하나요? 그것은 아이들 잘못이 아닙니다. 빠른 속도로 정확한 답을 위해 기계적인 반복을 강요하는 계산연습이 지루하고 재미없는 것은 당연합니다. 인지심리학을 토대로 구성한 『생각하는 초등연산』의 문제들은 게임과 같습니다. 한 문제 안에서도 조금씩 다른 변화를 넣어 호기심을 자극하고 생각하도록 하였습니다. 게임처럼 스스로 발견하는 재미를 만끽할 수 있는 연산 교육 프로그램입니다.

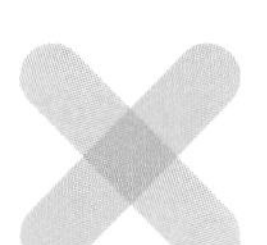

이 책만의 특징 04

교사와 학부모를 위한 '교사용 해설'

이 문제를 통해 무엇을 가르치려 할까요? 문제와 문제 사이에는 어떤 연관이 있을까요? 아이는 이 문제를 해결하며 어떤 생각을 할까요? 교사와 학부모는 이 문제에서 어떤 것을 강조하고 아이의 어떤 반응을 기대할까요?

이 모든 질문에 대한 전문가의 답이 각 챕터별로 '교사용 해설'에 들어 있습니다. 또한 각 문제의 하단에 문제의 출제 의도와 교수법을 담았습니다. 수학전공자가 아닌 학부모 혹은 교사가 전문가처럼 아이를 지도할 수 있는 친절하고도 흥미진진한 안내서 역할을 해줄 것입니다.

이 책만의 특징 05

선생님을 가르치는 선생님, 박영훈!

이 책을 집필한 박영훈 선생님은 2만 명의 초등교사를 가르친 '선생님의 선생님'입니다. 180만 부라는 경이로운 판매를 기록한 베스트셀러 『기적의 유아수학』의 저자이기도 합니다. 이 책은, 잘못된 연산 공부가 수학을 재미없는 학문으로 인식하게 하고 마침내 수포자를 만드는 현실에서, 연산의 참모습을 보여주고 진정한 의미의 연산학습 도우미가 되기를 바라는 마음으로, 12년간 현장의 선생님들과 함께 양팔을 걷어붙이고 심혈을 기울여 집필한 책입니다.

박영훈 선생님의
생각하는 초등연산

차 례

1 곱셈의 완성

2 나눗셈의 **완성**

3 자연수의 **혼합계산**

박영훈 선생님의
생각하는 초등연산

박영훈의 생각하는 연산이란?

계산 문제집과 『박영훈의 생각하는 연산』의 차이

	기존 계산 문제집	박영훈의 생각하는 연산
수학 vs. 산수	수학이 없다. 계산 기능만 있다.	연산도 수학이다. 생각해야 한다.
교육 vs. 훈련	교육이 없다. 훈련만 있다.	연산은 훈련이 아닌 교육이다.
교육원리 vs, 맹목적 반복	교육원리가 없다. 기계적인 반복 연습만 있다.	교육적 원리에 따라 사고를 자극하는 활동이 제시되어 있다.
사람 vs. 기계	사람이 없다. 싸구려 계산기로 만든다.	우리 아이는 생각할 수 있는 지적인 존재다.
한국인 필자 vs. 일본 계산문제집 모방	필자가 없다. 옛날 일본에서 수입된 학습지 형태 그대로이다.	수학교육 전문가와 초등교사들의 연구모임에서 집필했다.

계산문제집의 역사

초등학교에서 계산이 중시되었던 유래는 백여 년 전 일제 강점기로 거슬러 올라갑니다. 당시 일제의 교육목표는, 국민학교(당시 초등학교)를 졸업하자마자 상점이나 공장에서 취업할 수 있도록 간단한 계산능력을 기르는 것이었습니다.
이후 보통교육이 중등학교까지 확대되지만, 경쟁률이 높아지면서 시험을 위한 계산 기능이 강조될 수밖에 없었습니다. 이에 발맞추어 구몬과 같은 일본의 계산 문제집들이 수입되었고, 우리 아이들은 무한히 반복되는 기계적인 계산 훈련을 지금까지 강요당하게 된 것입니다. 빠르고 정확한 '계산'과 '수학'이 무관함에도 어른들의 무지로 인해 21세기인 지금도 계속되는 안타까운 현실이 아닐 수 없습니다.
이제는 이런 악습에서 벗어나 OECD 회원국의 자녀로 태어난 우리 아이들에게 계산 기능의 훈련이 아닌 수학으로서의 연산 교육을 제공해야 하지 않을까요?

박영훈 선생님의

생각하는 초등연산 개념 MAP

수 세기
- 5까지의 수 세기
- 9까지의 수 세기
- 10 이상의 수 세기

유치원

덧셈기호와 뺄셈기호의 도입

『생각하는 초등연산』 1권

수 세기에 의한 덧셈과 뺄셈
받아올림과 받아내림을 수 세기로 도입

『생각하는 초등연산』 2권

두 자리 수의 덧셈과 뺄셈 1
세로셈 도입

『생각하는 초등연산』 2권

두 자리 수의 덧셈과 뺄셈 2
받아올림과 받아내림을 세로셈으로 도입

『생각하는 초등연산』 3권

세 자리 수의 덧셈과 뺄셈 (덧셈과 뺄셈의 완성)

『생각하는 초등연산』 5권

곱셈기호의 도입
동수누가에 의한 덧셈의 확장으로 곱셈 도입

『생각하는 초등연산』 4권

곱셈구구의 완성
동수누가에 의한 덧셈의 확장으로 곱셈 도입

『생각하는 초등연산』 4권

두 자리수의 곱셈
분배법칙의 적용

『생각하는 초등연산』 6권

두 자리수 곱셈의 완성

『생각하는 초등연산』 7권

나눗셈기호의 도입
곱셈구구에서 곱셈의 역에 의한 나눗셈 도입

『생각하는 초등연산』 6권

나머지가 있는 나눗셈

『생각하는 초등연산』 6권

몫이 두 자리 수인 나눗셈

『생각하는 초등연산』 7권

곱셈과 나눗셈의 완성

『생각하는 초등연산』 8권

사칙연산의 완성
혼합계산

『생각하는 초등연산』 8권

곱셈의 **완성**

1 일차 세 자리 수 × 두 자리 수 (1)

공부한 날짜 월 일

문제 1 | 곱셈을 하시오.

(1)
$$\begin{array}{r} 41 \\ \times\ 38 \\ \hline \end{array}$$

(2)
$$\begin{array}{r} 27 \\ \times\ 53 \\ \hline \end{array}$$

(3)
$$\begin{array}{r} 26 \\ \times\ 94 \\ \hline \end{array}$$

(4)
$$\begin{array}{r} 82 \\ \times\ 46 \\ \hline \end{array}$$

문제 1 7권 〈두 자리 수 곱셈〉(3학년 2학기)의 복습이다. 곱하는 수의 '일의 자리 수'와 '십의 자리 수'를 각각 곱할 때 받아올림과 자릿값을 정확하게 파악하는가를 점검한다.

(5)

$$\begin{array}{r} 38 \\ \times \quad 54 \\ \hline \end{array}$$

(6)

$$\begin{array}{r} 79 \\ \times \quad 65 \\ \hline \end{array}$$

문제 2 | 보기와 같이 빈칸에 알맞은 수를 넣으시오.

보기

$5 \times 3 =$ 15

$5 \times 30 =$ 150

$50 \times 30 =$ 1500

$500 \times 30 =$ 15000

(1)

$2 \times 4 =$ ☐

$2 \times 40 =$ ☐

$20 \times 40 =$ ☐

$200 \times 40 =$ ☐

(2)

$7 \times 2 =$ ☐

$7 \times 20 =$ ☐

$70 \times 20 =$ ☐

$700 \times 20 =$ ☐

(3)

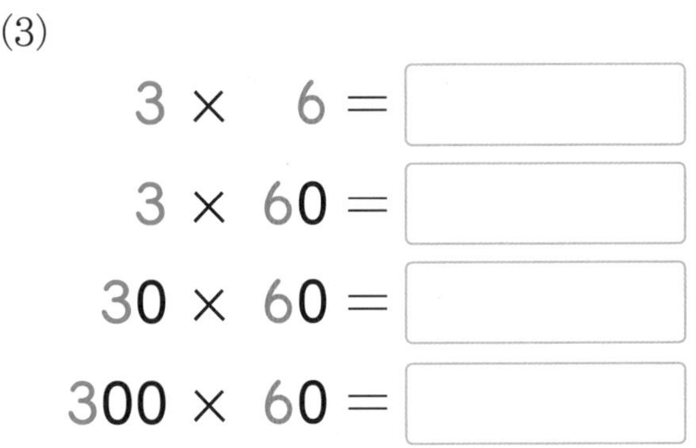

선생님만 보세요

문제 2 한 자리 수의 곱셈구구를 토대로 몇십과 몇백의 곱셈으로 확장하며 곱셈에서 0의 역할을 파악한다.

(4)

$5 \times 9 =$ ☐

$5 \times 90 =$ ☐

$50 \times 90 =$ ☐

$500 \times 90 =$ ☐

(5)

$8 \times 7 =$ ☐

$8 \times 70 =$ ☐

$80 \times 70 =$ ☐

$800 \times 70 =$ ☐

문제 3 | 보기와 같이 계산하시오.

보기

$$\begin{array}{r} 300 \\ \times \quad 20 \\ \hline 6000 \end{array}$$

(1)

$$\begin{array}{r} 200 \\ \times \quad 40 \\ \hline \end{array}$$

(2)

$$\begin{array}{r} 900 \\ \times \quad 10 \\ \hline \end{array}$$

(3)

$$\begin{array}{r} 500 \\ \times \quad 30 \\ \hline \end{array}$$

(4)

$$\begin{array}{r} 600 \\ \times \quad 70 \\ \hline \end{array}$$

(5)

$$\begin{array}{r} 700 \\ \times \quad 80 \\ \hline \end{array}$$

문제 3 [문제 2]의 곱셈을 세로식으로 나타내며 자릿값과 0의 패턴에 주목한다. 곱해지는 수와 곱하는 수에 들어 있는 0의 개수와, 곱셈 결과에 들어 있는 0의 개수를 비교한다.

문제 4 | 보기와 같이 빈칸에 알맞은 식과 수를 쓰시오.

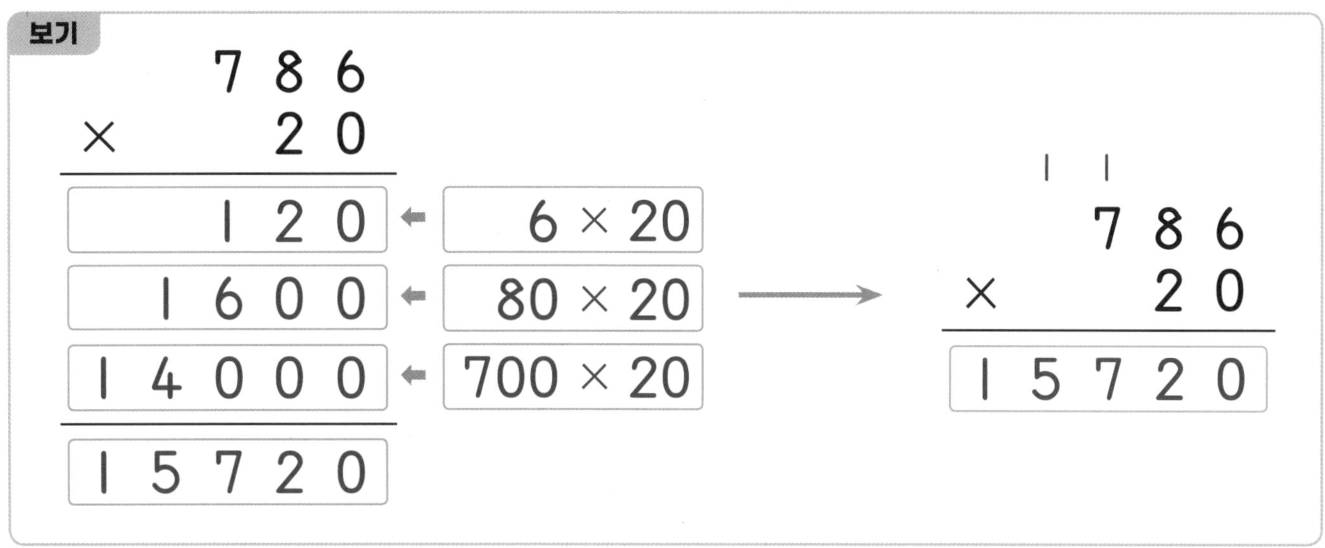

(1)

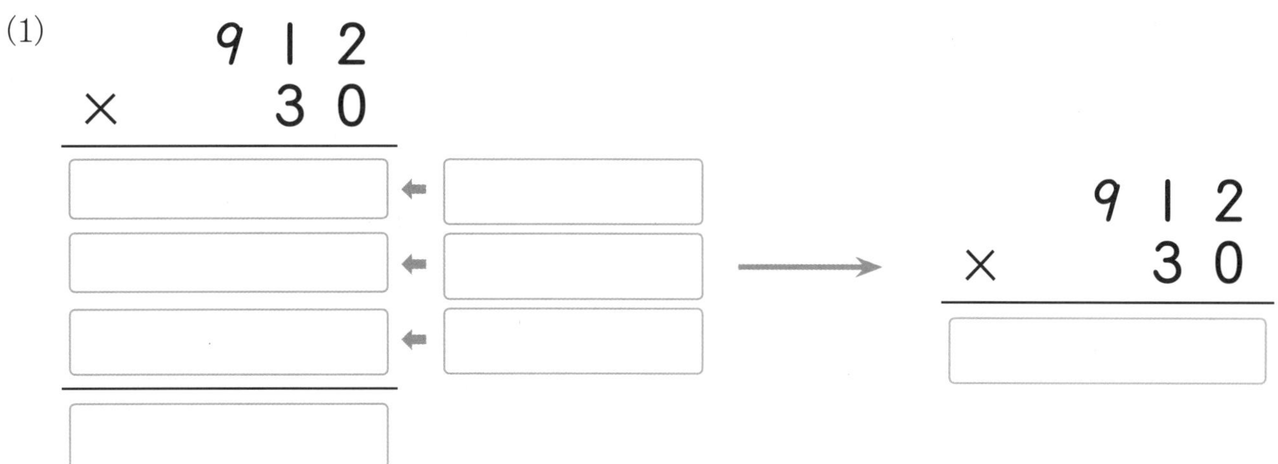

(2)

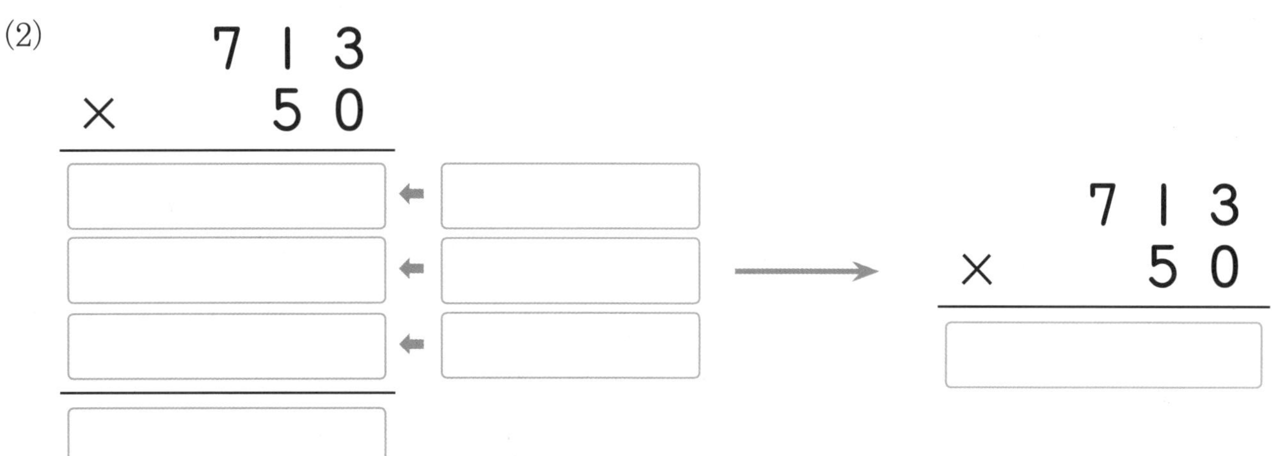

문제 4 세 자리 수에 몇십을 곱하는 곱셈 절차를 세로식에서 파악한다. 보기의 왼쪽 세로식에서 분배법칙을 적용해 얻은 빠르고 간단한 곱셈 절차를 오른쪽 세로식에서 확인할 수 있다. 각각의 자릿값 변화를 주의 깊게 관찰할 것을 권한다.

(3)

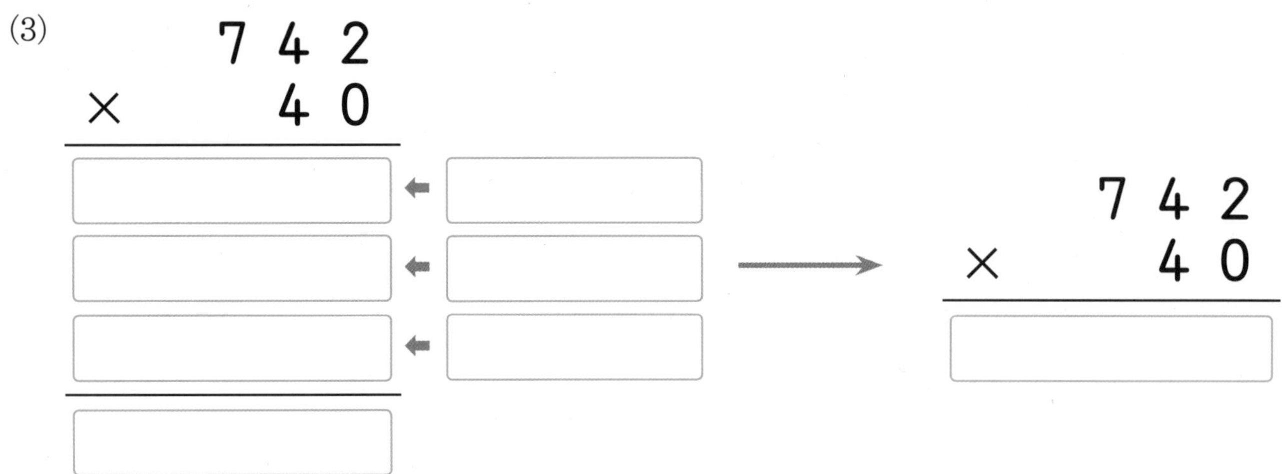

(4)

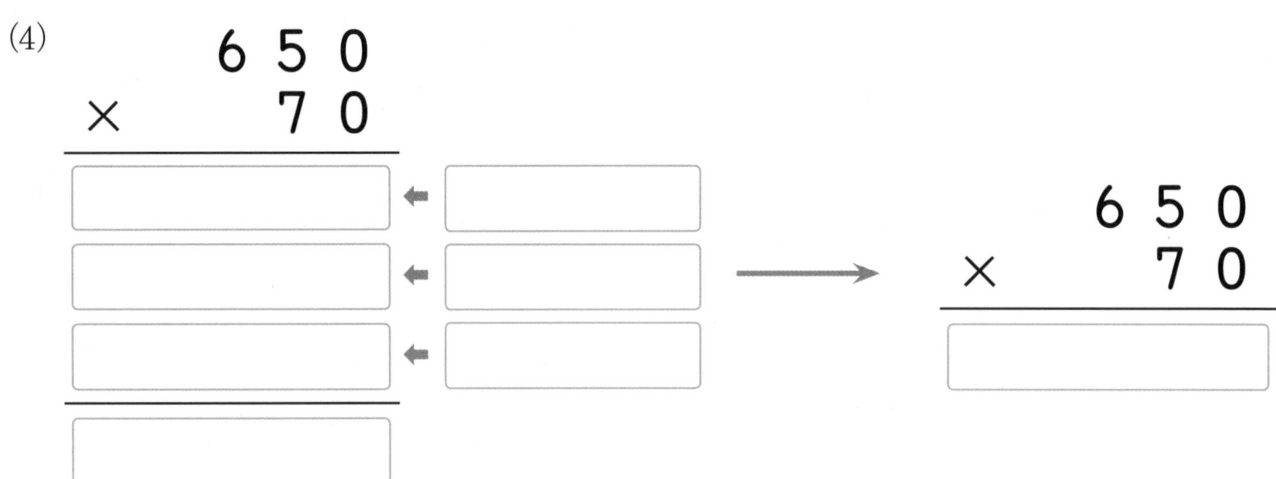

(5)

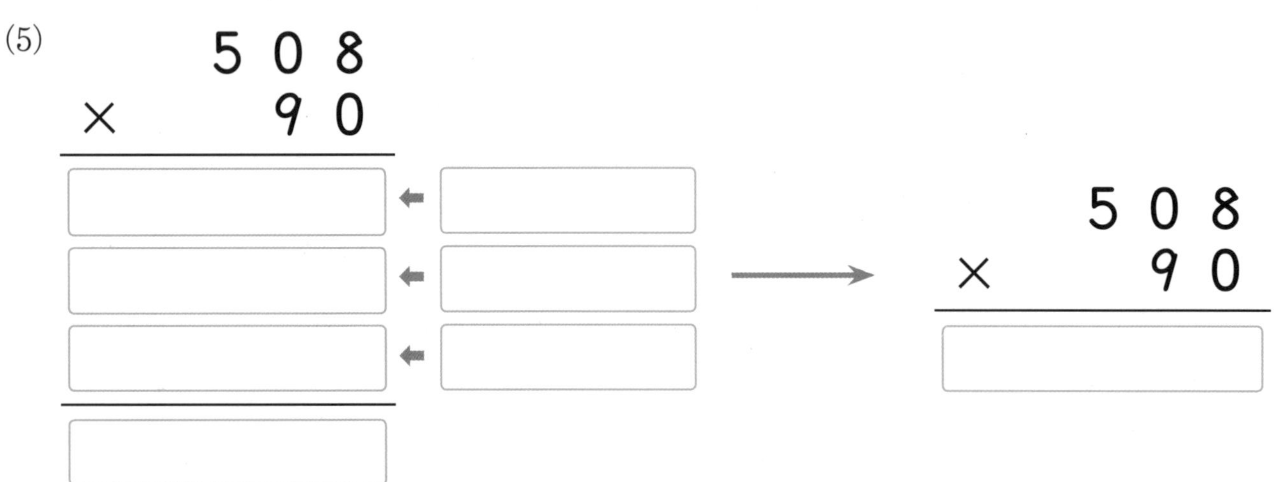

교사용 해설

8권(4학년 1학기)에서 다루는 곱셈은 제목 그대로 '곱셈의 완성'이다. 7권 〈두 자리 수의 곱셈〉(3학년 2학기)에서 '곱셈에 대한 표준 알고리즘'을 완성했는데, 이를 세 자리 수 이상으로 확장하는 것이다.

초등학교 곱셈의 수학적 원리는 다음과 같은 분배법칙의 적용이다.

$$A \times (B + C) = A \times B + A \times C$$

6권(3학년 1학기)부터 학습한 '두 개 항의 합에 대한 곱셈의 분배법칙'이 여기서도 계속 적용된다. 먼저 (세 자리 수)×(두 자리 수)를 익히는데, 역시 다음과 같이 점진적으로 단계를 밟아 나간다.

(1) 300×50 (2) 432×30 (3) 324×42

그리고 다음과 같이 곱셈의 결합법칙과 교환법칙을 익히며 초등학교 곱셈을 마무리한다.

$(A\times B)\times C = A\times(B\times C)$ … 곱셈의 결합법칙

$A\times B = B\times A$ … 곱셈의 교환법칙

그렇다고 초등학교 아이들에게 결합법칙과 교환법칙을 명시적으로 밝히며 이를 계산에 적용하도록 하는, 연역적 방법에 따른 가르침을 도입하라는 것은 아니다. 단지 다음과 같이, 예를 들어 두 곱셈의 결과가 같음을 확인하는 것으로 충분하다.

곱셈의 결합법칙을 알려주는 예

문제 1 **보기와 같이 두 곱셈의 답을 비교하시오.**

$(15\times 24)\times 3=$

$$\begin{array}{r} 15 \\ \times\ 24 \\ \hline 60 \\ 300 \\ \hline 360 \end{array} \quad \rightarrow \quad \begin{array}{r} 360 \\ \times\ \ 3 \\ \hline 1080 \end{array}$$

$15\times(24\times 3)=$

$$\begin{array}{r} 24 \\ \times\ \ 3 \\ \hline 72 \end{array} \quad \rightarrow \quad \begin{array}{r} 15 \\ \times\ 72 \\ \hline 30 \\ 1050 \\ \hline 1080 \end{array}$$

$$(15\times 24)\times 3 = 1080 = 15\times(24\times 3)$$

괄호 안의 곱셈을 먼저 합니다.
숫자는 똑같고 계산 순서만 다른데요,
그래도 답은 같아요.

위의 보기는 곱셈의 결합법칙을 알려주기 위한 것이지만, 다른 한편으로는 괄호부터 먼저 계산한다는 계산 규칙(곧이어 배울 '혼합계산'의 내용이다)을 알려주려는 의도다.

곱셈의 교환법칙이 성립함을 알려주는 예

문제 2 **보기와 같이 두 곱셈의 답을 비교하시오.**

24×16 $\qquad$ 16×24

$$\begin{array}{r} 24 \\ \times\ 16 \\ \hline 144 \\ 240 \\ \hline 384 \end{array} \qquad \begin{array}{r} 16 \\ \times\ 24 \\ \hline 64 \\ 320 \\ \hline 384 \end{array}$$

$$24 \times 16 = 384 = 16 \times 24$$

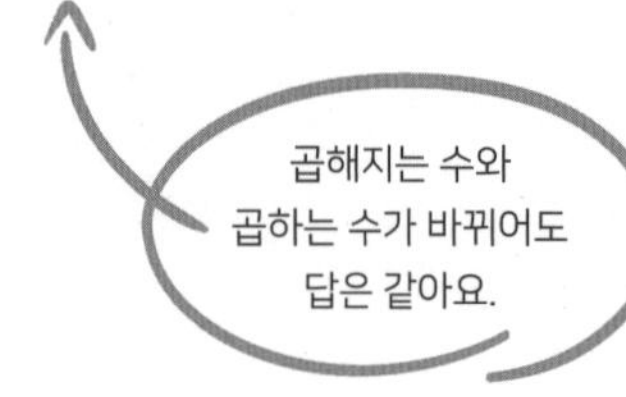

그리고 이들 교환법칙과 결합법칙을 이용하여 다음과 같이 곱셈의 답을 더 쉽고 간편하게 구할 수 있음을 직접 체험하는 곱셈 문제도 제시하였다.

문제 3 **보기와 같이 가장 쉬운 방법으로 계산하시오.**

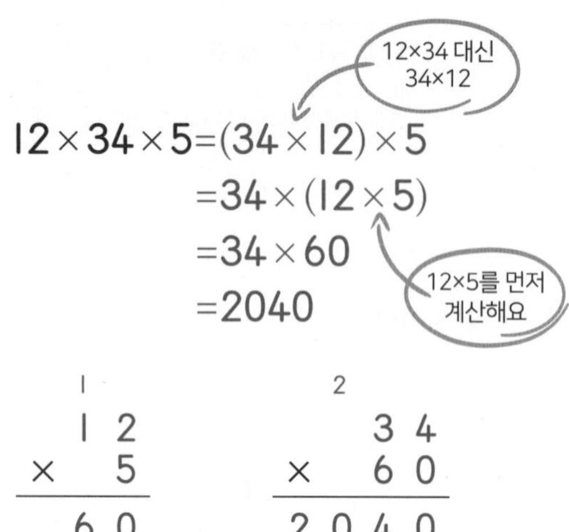

$$\begin{array}{r} \overset{1}{1}2 \\ \times\ \ 5 \\ \hline 60 \end{array} \qquad \begin{array}{r} \overset{2}{3}4 \\ \times\ 60 \\ \hline 2040 \end{array}$$

따라서 초등학교 곱셈 학습도 겉으로는 단순한 계산 기능을 습득하는 것처럼 보이지만 실제로는 곱셈의 교환법칙, 결합법칙, 분배법칙이라는 수학적 원리를 이해하고 실행하는 것이 핵심이라는 것을 알 수 있다. 물론 앞에서 여러 번 강조하였듯, 초등학교에서 이러한 연산 법칙들을 형식화하여 지도하거나 용어를 익히도록 강요할 필요는 없다. 이는 중학교 수학의 몫으로 남겨두는 것이 바람직하다.

2일차 세 자리 수 × 두 자리 수 (2)

공부한 날짜 월 일

문제 1 | 빈칸에 알맞은 수를 쓰시오.

(1)

$$\begin{array}{r} 937 \\ \times \quad 20 \\ \hline \end{array}$$

$$\begin{array}{r} 937 \\ \times \quad 20 \\ \hline \end{array}$$

(2)

$$\begin{array}{r} 528 \\ \times \quad 50 \\ \hline \end{array}$$

$$\begin{array}{r} 528 \\ \times \quad 50 \\ \hline \end{array}$$

선생님만 보세요

문제 1 앞에서 익힌 세 자리 수에 몇십을 곱하는 곱셈의 복습이다. 오른쪽의 간편한 곱셈 절차와 왼쪽의 분배법칙을 적용한 곱셈 절차를 비교하며 자릿값이 변화하는 패턴을 다시 확인한다.

(3)

$$\begin{array}{r} 904 \\ \times \quad 40 \\ \hline \end{array}$$

□ ← □
□ ← □
□ ← □
□

→

$$\begin{array}{r} 904 \\ \times \quad 40 \\ \hline \end{array}$$

□

(4)

$$\begin{array}{r} 750 \\ \times \quad 50 \\ \hline \end{array}$$

□ ← □
□ ← □
□ ← □
□

→

$$\begin{array}{r} 750 \\ \times \quad 50 \\ \hline \end{array}$$

□

문제 2 | 보기와 같이 곱셈을 하시오.

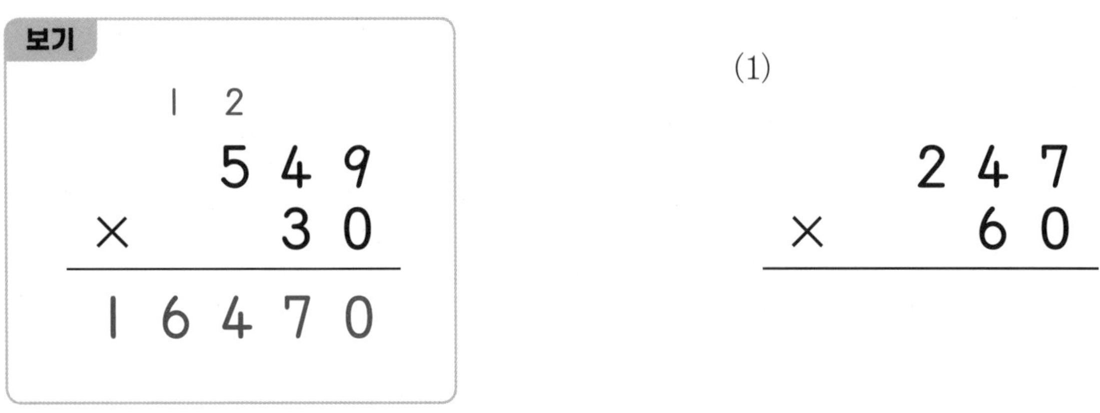

문제 2 앞에서 익힌 세 자리 수에 몇십을 곱하는 곱셈의 답을 세로식에서 간단하게 구하는 절차를 익힌다. 곱하는 수의 십의 자리 수 곱셈에서 자릿값 표기에 중점을 둔다.

(2)

$$\begin{array}{r} 328 \\ \times \quad 80 \\ \hline \end{array}$$

(3)

$$\begin{array}{r} 790 \\ \times \quad 70 \\ \hline \end{array}$$

(4)

$$\begin{array}{r} 902 \\ \times \quad 50 \\ \hline \end{array}$$

(5)

$$\begin{array}{r} 583 \\ \times \quad 40 \\ \hline \end{array}$$

(6)

$$\begin{array}{r} 689 \\ \times \quad 20 \\ \hline \end{array}$$

(7)

$$\begin{array}{r} 860 \\ \times \quad 60 \\ \hline \end{array}$$

(8)

$$\begin{array}{r} 809 \\ \times \quad 30 \\ \hline \end{array}$$

(9)

$$\begin{array}{r} 940 \\ \times \quad 90 \\ \hline \end{array}$$

문제 3 | 보기와 같이 곱셈을 하시오.

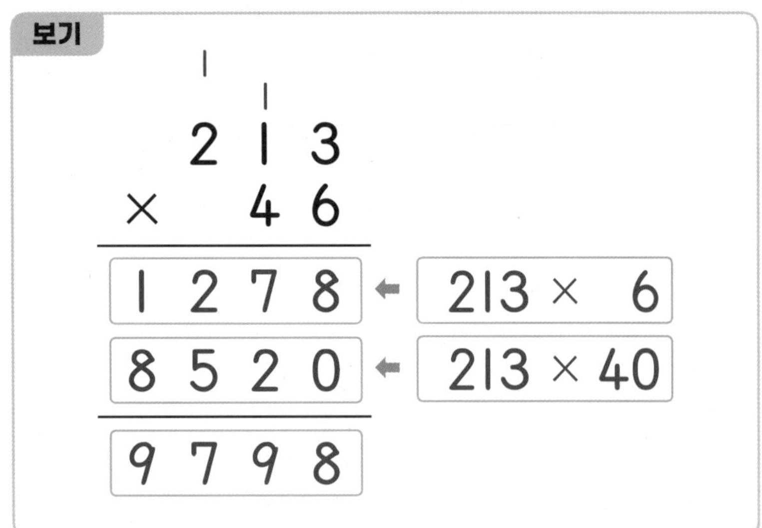

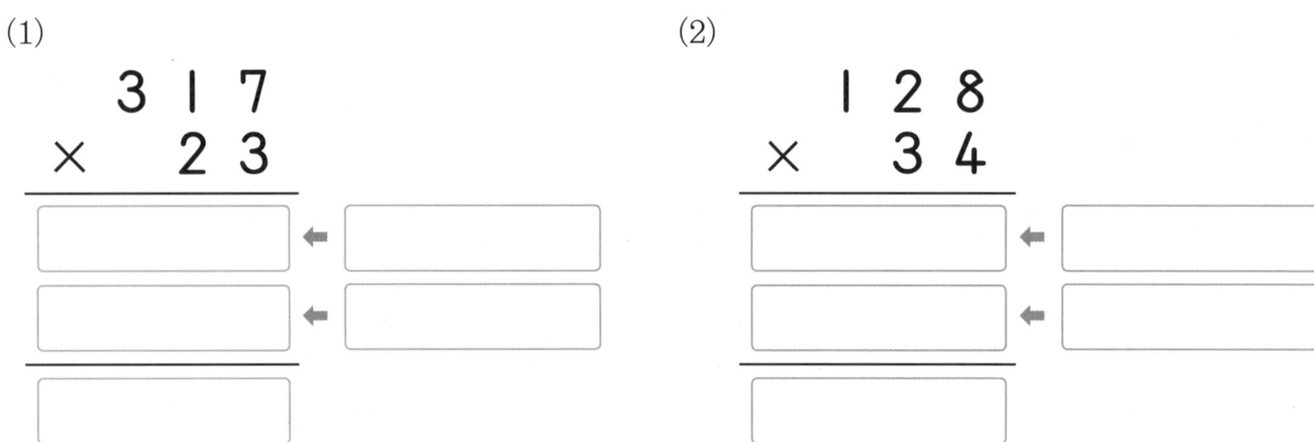

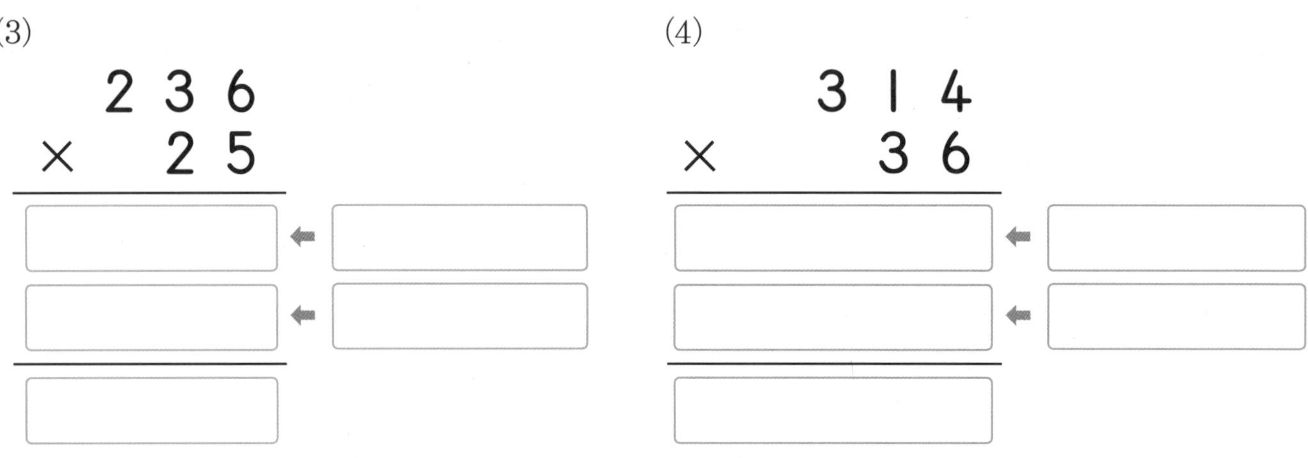

문제 3 세 자리 수와 두 자리 수의 곱셈 절차를 세로식에서 익힌다. 곱하는 수의 일의 자리와 십의 자리 수를 각각 곱하는 분배법칙의 적용을 확인한다.

(5)

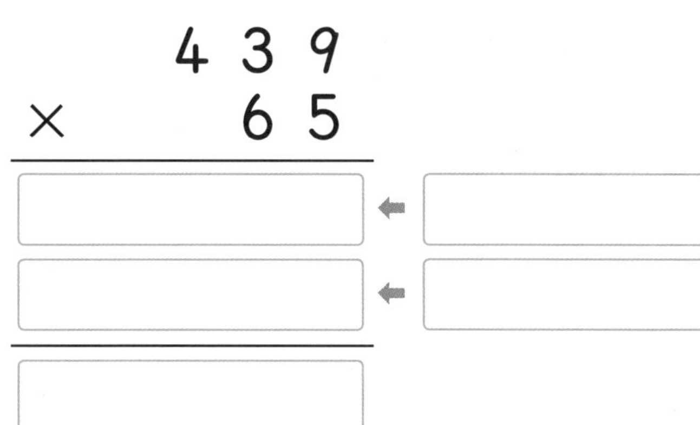

(6)

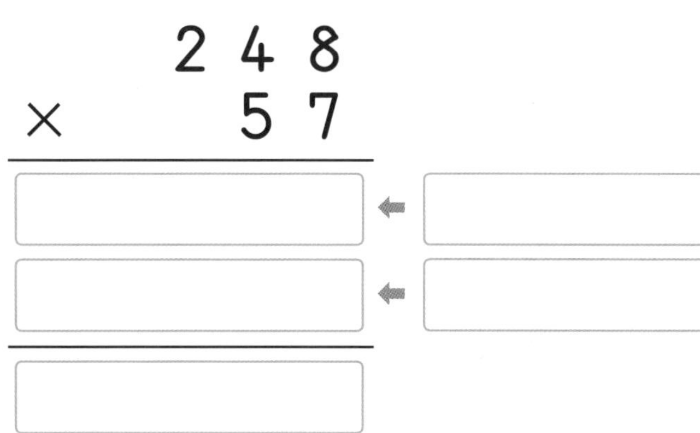

(7)

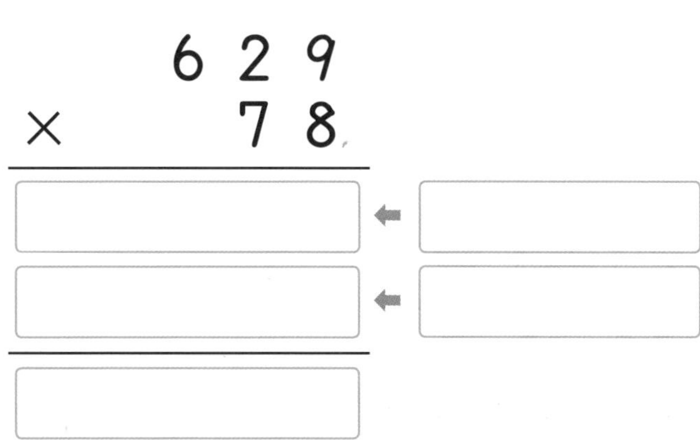

(8)

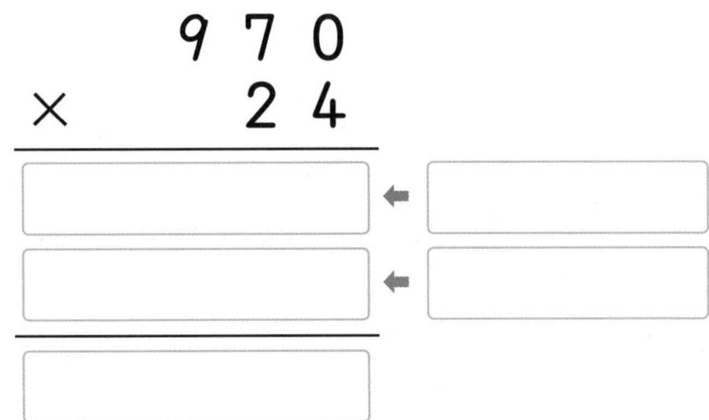

(9)

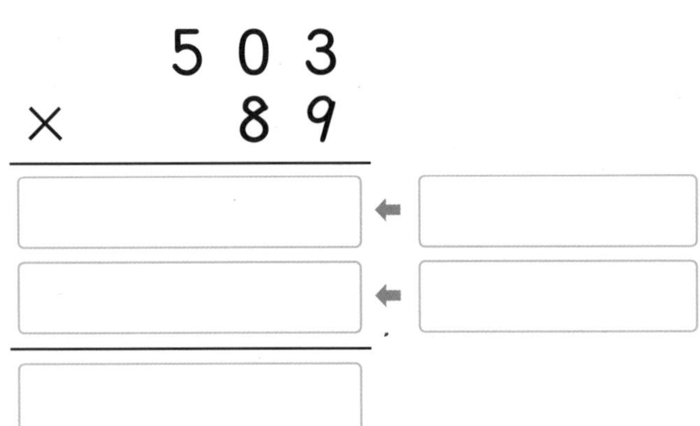

3일차 세 자리 수 × 두 자리 수 (3)

공부한 날짜 월 일

문제 1 | 곱셈을 하시오.

(1)

$$\begin{array}{r} 163 \\ \times \quad 52 \\ \hline \end{array}$$

(2)

$$\begin{array}{r} 130 \\ \times \quad 49 \\ \hline \end{array}$$

(3)

$$\begin{array}{r} 208 \\ \times \quad 35 \\ \hline \end{array}$$

(4)

$$\begin{array}{r} 325 \\ \times \quad 37 \\ \hline \end{array}$$

선생님만 보세요

문제 1 앞에서 익힌 세 자리 수와 두 자리 수 곱셈 절차에 적용되는 분배법칙을 복습한다.

문제 2 | 곱셈을 하시오.

(1)
$$\begin{array}{r} 314 \\ \times \quad 26 \\ \hline \end{array}$$

(2)
$$\begin{array}{r} 579 \\ \times \quad 13 \\ \hline \end{array}$$

(3)
$$\begin{array}{r} 319 \\ \times \quad 24 \\ \hline \end{array}$$

(4)
$$\begin{array}{r} 176 \\ \times \quad 38 \\ \hline \end{array}$$

(5)
$$\begin{array}{r} 283 \\ \times \quad 48 \\ \hline \end{array}$$

(6)
$$\begin{array}{r} 476 \\ \times \quad 65 \\ \hline \end{array}$$

문제 2 세 자리 수와 두 자리 수 곱셈의 복습이다. 다만 분배법칙을 확인하는 절차를 생략하고 곱셈의 답을 구하는 절차를 습득하는 데만 초점을 둔다.

(7)

$$\begin{array}{r} 307 \\ \times \quad 35 \\ \hline \end{array}$$

(8)

$$\begin{array}{r} 580 \\ \times \quad 37 \\ \hline \end{array}$$

(9)

$$\begin{array}{r} 709 \\ \times \quad 87 \\ \hline \end{array}$$

(10)

$$\begin{array}{r} 950 \\ \times \quad 54 \\ \hline \end{array}$$

(11)

$$\begin{array}{r} 864 \\ \times \quad 48 \\ \hline \end{array}$$

(12)

$$\begin{array}{r} 637 \\ \times \quad 97 \\ \hline \end{array}$$

문제 3 | 문제를 읽고 식과 답을 쓰시오.

(1) 270원짜리 사탕을 34개 샀습니다. 모두 얼마일까요?

식:

답: ____________

(2) 어느 해수욕장의 겨울 관광객이 489명이라고 합니다.
여름에는 겨울보다 25배만큼 더 많이 온다면 여름 관광객은 몇 명일까요?

식:

답: ____________

문제 3 세 자리 수와 두 자리 수 곱셈이 적용되는 문제 상황에서 이를 식으로 나타내고 답을 구한다.

(3) 학생 372명에게 마스크를 47개씩 주려고 합니다.
마스크가 모두 몇 개 있어야 할까요?

식:

답: ______________

(4) 항공사를 이용하는 하루 관광객이 509명이라고 합니다.
62일 동안 몇 명의 관광객이 항공사를 이용했을까요?

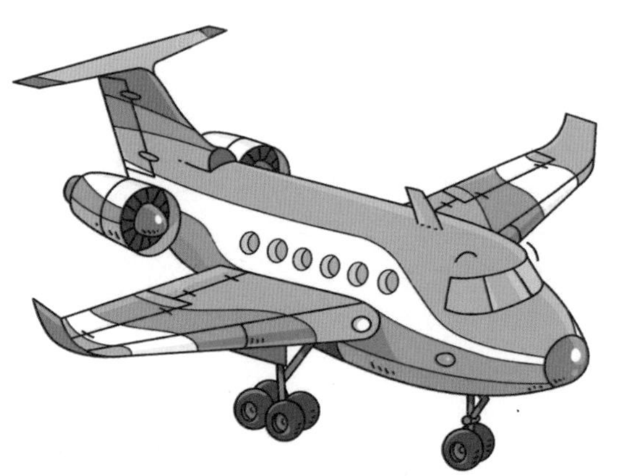

식:

답: ______________

4 일차 곱셈의 완성 (1)

공부한 날짜 월 일

문제 1 | 보기와 같이 □ 안에 알맞은 수를 넣으시오.

보기

	2	3	6
×		2	7
1	6	5	2
4	7	2	0
6	3	7	2

(1)

	4	2	□
×		1	2
	□	5	0
4	2	□	0
□	□	0	0

(2)

	3	□	8
×		2	3
	□	5	4
6	□	6	0
7	□	□	4

(3)

	□	6	4
×		5	7
1	1	4	□
□	2	0	□
□	3	4	□

(4)

	1	3	4
×		□	9
1	□	0	6
□	6	8	0
□	□	8	6

(5)

		8	5	6
×			3	□
	4	2	8	0
□	5	6	8	□
□	9	9	□	0

문제 1 세 자리 수와 두 자리 수의 곱셈 연습이지만, 새로운 유형의 문제다. 곱셈절차를 밟으며 빈칸에 알맞은 수를 넣으면 된다.

(6)

	7	□	4
×		5	6
4	4	0	□
3 □	7	0	0
4 □	1	0	□

(7)

	□	4	7
×		1	8
7	5	7	6
□	4	□	0
1 □	□	4	6

문제 2 | 보기와 같이 곱셈을 하시오.

보기

$28 \times 17 \times 3 = 1428$

$$\begin{array}{r} 28 \\ \times\ 17 \\ \hline \boxed{196} \\ \boxed{280} \\ \hline \boxed{476} \end{array} \rightarrow \begin{array}{r} \boxed{476} \\ \times\ \ 3 \\ \hline \boxed{1428} \end{array}$$

문제 2 세 수의 곱셈을 앞에서부터 순서대로 두 번 곱하는 연습이다. 뒤에 나올 '혼합계산'의 첫 번째 규칙, 즉 왼쪽에서 오른쪽으로 계산한다는 규칙을 미리 확인하고, 다음 문제인 곱셈의 결합법칙을 익히기 위한 준비 단계다.

(1) 

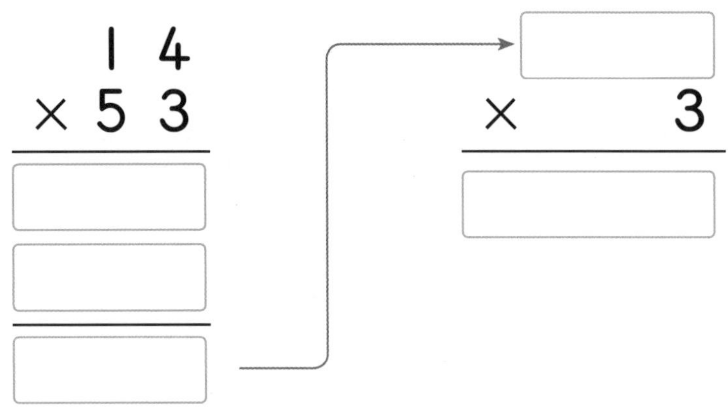

(2) $32 \times 29 \times 5 =$

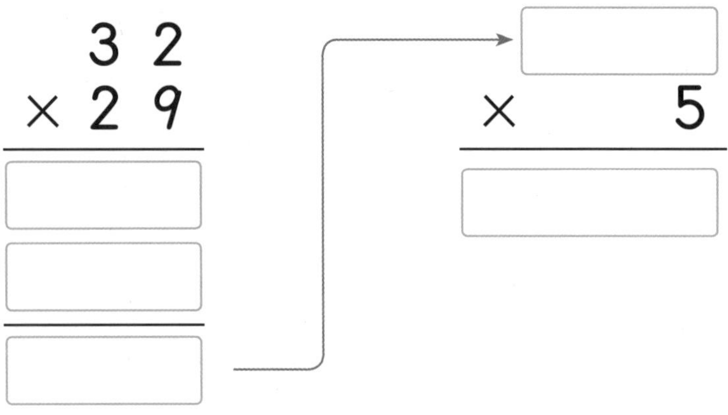

(3) $16 \times 45 \times 8 =$

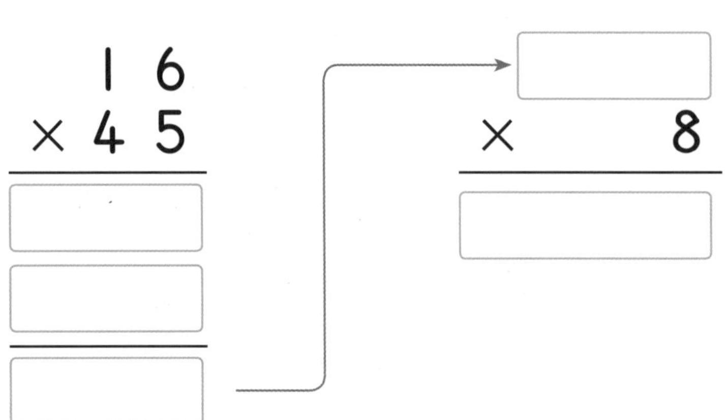

(4) $27 \times 28 \times 9 =$

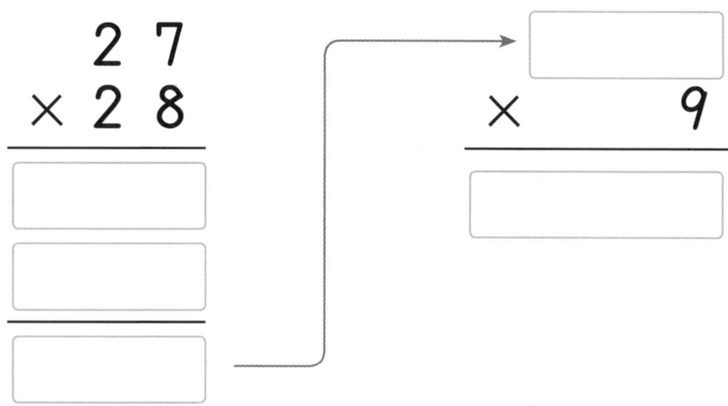

(5) $63 \times 14 \times 7 =$

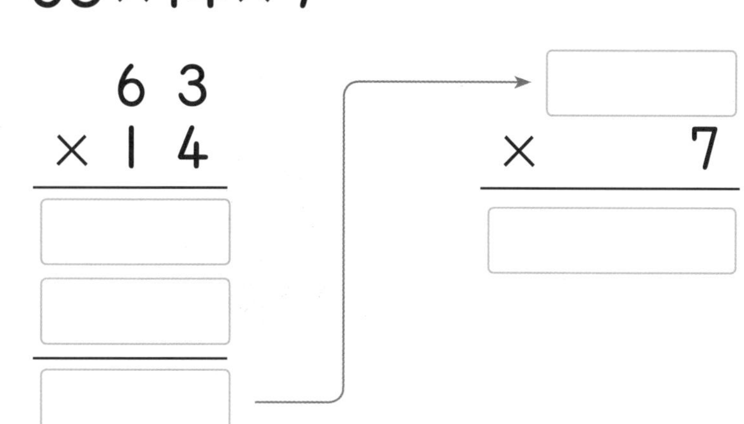

문제 3 | 보기와 같이 두 곱셈의 답을 비교하시오.

보기

$(15 \times 24) \times 3 =$

$$\begin{array}{r} 15 \\ \times\ 24 \\ \hline 60 \\ 300 \\ \hline 360 \end{array} \qquad \begin{array}{r} 360 \\ \times\ \ \ 3 \\ \hline 1080 \end{array}$$

$15 \times (24 \times 3) =$

$$\begin{array}{r} 24 \\ \times\ \ 3 \\ \hline 72 \end{array} \qquad \begin{array}{r} 15 \\ \times\ 72 \\ \hline 30 \\ 1050 \\ \hline 1080 \end{array}$$

$(15 \times 24) \times 3 = 1080 = 15 \times (24 \times 3)$

괄호 안의 곱셈을 먼저 합니다.
두 곱셈식의 숫자는 똑같고 계산 순서만
바뀌었죠? 그래도 답은 같아요.

문제 3 곱셈의 결합법칙, 즉 세 수의 곱셈에서 앞에서부터 차례로 곱하거나 뒤에 있는 두 항을 먼저 곱해도, 다시 말하면 계산 순서에 관계없이 결과가 항상 같음을 확인한다.

(1)

$(19 \times 3) \times 5 =$

$$\begin{array}{r} 19 \\ \times \quad 3 \\ \hline \square \end{array} \rightarrow \begin{array}{r} \square \\ \times \quad 5 \\ \hline \square \end{array}$$

$19 \times (3 \times 5) =$

$$\begin{array}{r} 3 \\ \times \quad 5 \\ \hline \square \end{array}$$

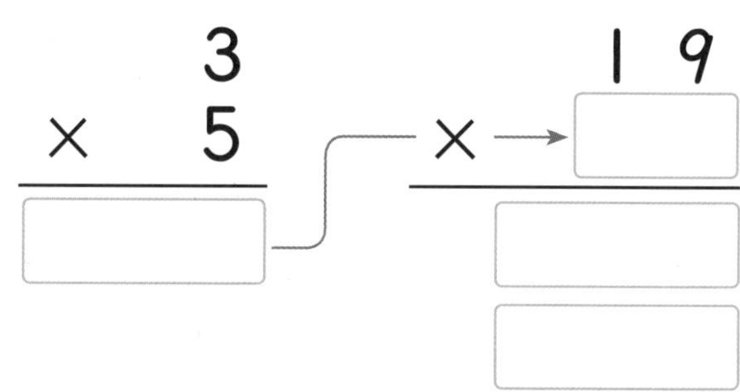

$(19 \times 3) \times 5 = \square = \square$

(2)

$(27 \times 8) \times 4 =$

$$\begin{array}{r} 27 \\ \times \quad 8 \\ \hline \square \end{array} \rightarrow \begin{array}{r} \square \\ \times \quad 4 \\ \hline \square \end{array}$$

$27 \times (8 \times 4) =$

$$\begin{array}{r} 8 \\ \times \quad 4 \\ \hline \square \end{array}$$

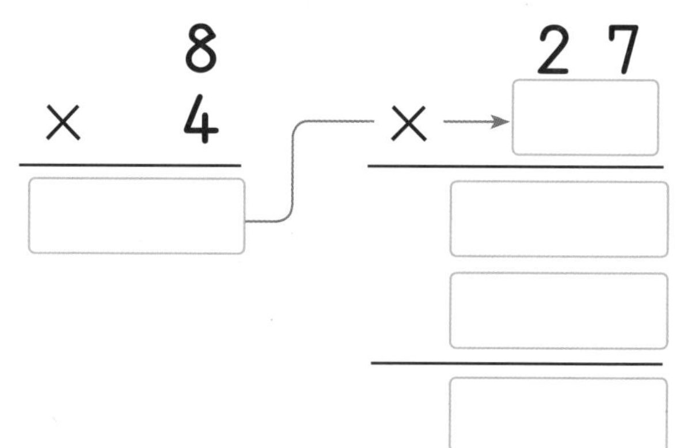

$(27 \times 8) \times 4 = \square = \square$

(3)

$(92 \times 6) \times 3=$

$$\begin{array}{r} 92 \\ \times \quad 6 \\ \hline \square \end{array} \rightarrow \begin{array}{r} \square \\ \times \quad 3 \\ \hline \square \end{array}$$

$92 \times (6 \times 3)=$

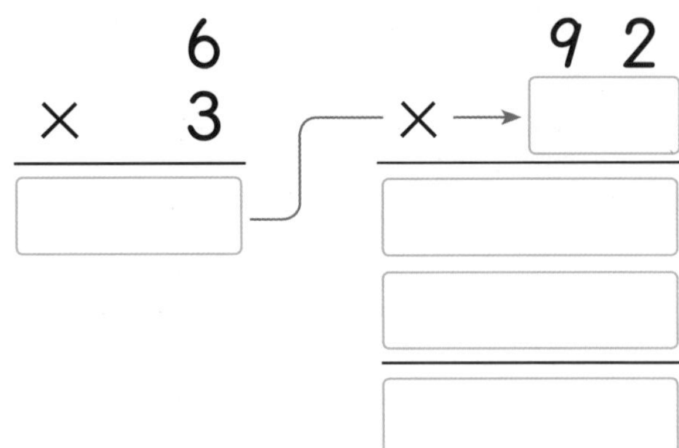

$(92 \times 6) \times 3 = \square = \square$

(4)

$(38 \times 17) \times 4=$

$$\begin{array}{r} 38 \\ \times \ 17 \\ \hline \square \\ \square \\ \hline \square \end{array} \rightarrow \begin{array}{r} \square \\ \times \quad 4 \\ \hline \square \end{array}$$

$38 \times (17 \times 4)=$

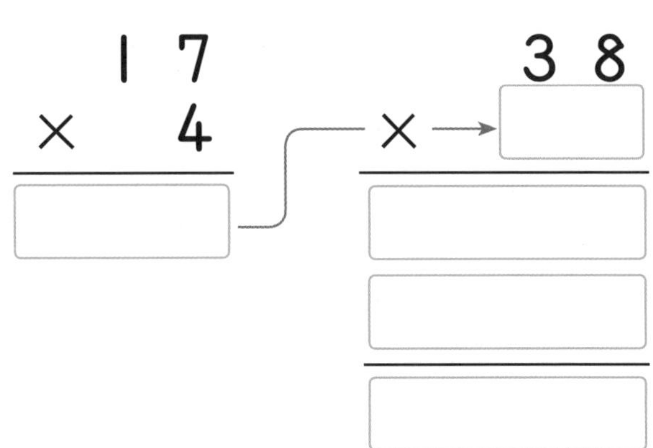

$(38 \times 17) \times 4 = \square = \square$

(5)

$(29 \times 24) \times 2=$

$$\begin{array}{r} 2\ 9 \\ \times\ 2\ 4 \\ \hline \square \\ \square \\ \hline \square \end{array} \rightarrow \begin{array}{r} \square \\ \times\ \ \ \ 2 \\ \hline \square \end{array}$$

$29 \times (24 \times 2)=$

$$\begin{array}{r} 2\ 4 \\ \times\ \ \ 2 \\ \hline \square \end{array} \rightarrow \begin{array}{r} 2\ 9 \\ \times\ \square \\ \hline \square \\ \square \\ \hline \square \end{array}$$

$(29 \times 24) \times 2 = \square = \square$

5일차 곱셈의 완성 (2)

공부한 날짜 월 일

문제 1 | 보기와 같이 곱셈을 더 간단하게 계산할 수 있는 식을 찾아 쓰시오.

보기

$$37 \times 8 \times 5 = 37 \times (8 \times 5)$$
$$= 37 \times 40$$
$$= 1480$$

(8×5)부터 계산하면 더 쉬워요!

$$\begin{array}{r} {}^{2} \\ 37 \\ \times\ 40 \\ \hline 1480 \end{array}$$

(1) $49 \times 5 \times 2 =$

$\times$

(2) $26 \times 4 \times 5 =$

$\times$

선생님만 보세요

문제 1 곱셈의 결합법칙을 이용해 세 수의 곱셈을 더 쉽고 간단하게 계산하는 법을 익힌다. 이를 통해 무작정 계산하기보다는 먼저 문제의 숫자를 관찰하는 게 중요하다는 사실을 알려주자.

(3) $83 \times 12 \times 5 =$

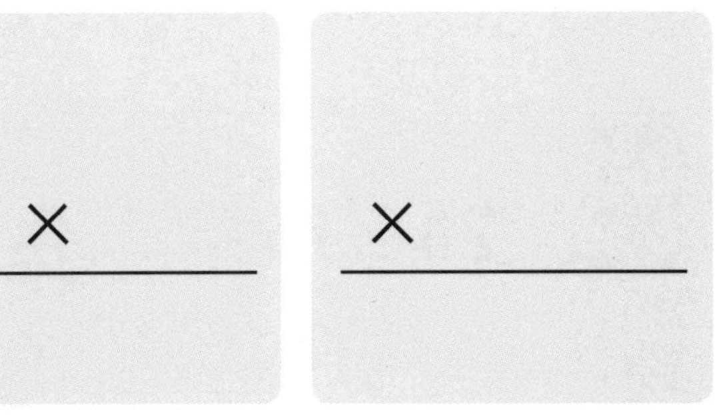

(4) $42 \times 35 \times 2 =$

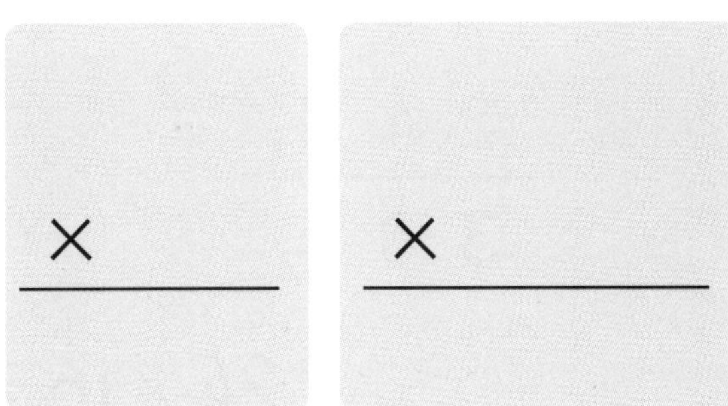

(5) $96 \times 15 \times 6 =$

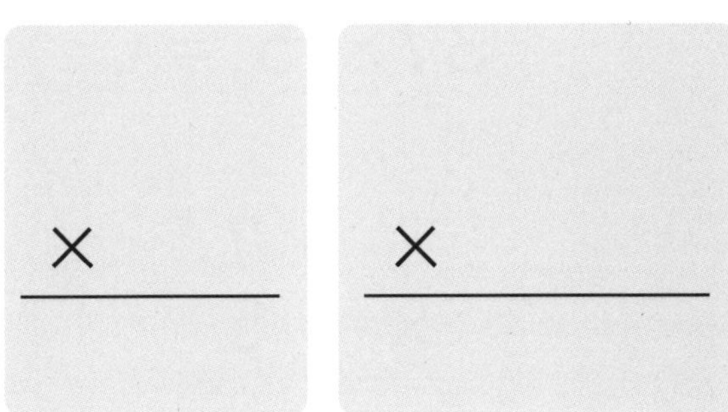

(6) $78 \times 14 \times 5 =$

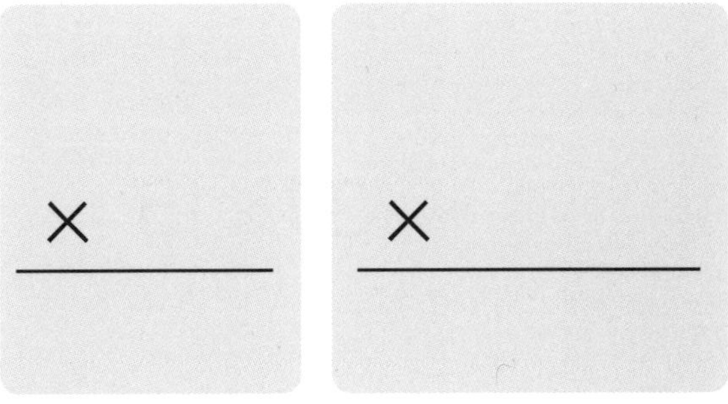

문제 2 | 보기와 같이 두 곱셈의 답을 비교하시오.

보기

$24 \times 16 =$

$$\begin{array}{r} {}^{2}\ \ \\ 2\ 4 \\ \times\ 1\ 6 \\ \hline 1\ 4\ 4 \\ 2\ 4\ 0 \\ \hline 3\ 8\ 4 \end{array}$$

곱해지는 수와
곱하는 수가 바뀌어도
답은 같아요.

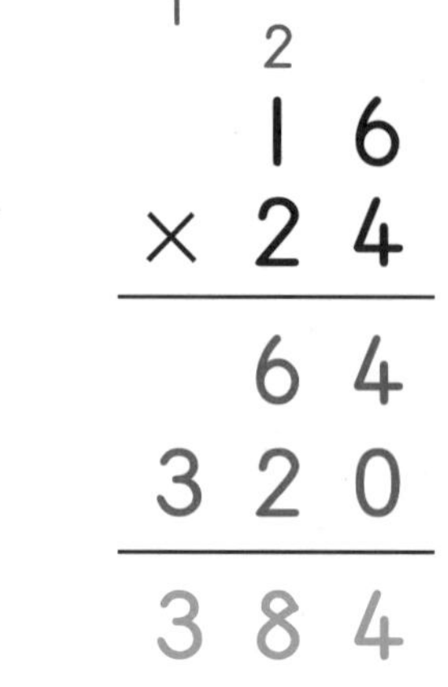

$16 \times 24 =$

$$\begin{array}{r} {}^{1}\ {}^{2}\ \ \\ 1\ 6 \\ \times\ 2\ 4 \\ \hline 6\ 4 \\ 3\ 2\ 0 \\ \hline 3\ 8\ 4 \end{array}$$

$24 \times 16 =$ [384] $=$ [16×24]

(1) $37 \times 15 =$

$$\begin{array}{r} 3\ 7 \\ \times\ 1\ 5 \\ \hline \end{array}$$

$15 \times 37 =$

$$\begin{array}{r} 1\ 5 \\ \times\ 3\ 7 \\ \hline \end{array}$$

$37 \times 15 =$ [ ] $=$ [ ]

문제 2 곱셈의 교환법칙, 즉 두 수의 위치가 바뀌어도 곱셈 결과가 다르지 않음을 확인하는 문제다.

(2)

$48 \times 19 =$

$$\begin{array}{r} 48 \\ \times\ 19 \\ \hline \end{array}$$

$19 \times 48 =$

$$\begin{array}{r} 19 \\ \times\ 48 \\ \hline \end{array}$$

$48 \times 19 = \square = \square$

(3)

$67 \times 23 =$

$$\begin{array}{r} 67 \\ \times\ \ \ 23 \\ \hline \end{array}$$

$23 \times 67 =$

$$\begin{array}{r} 23 \\ \times\ \ \ 67 \\ \hline \end{array}$$

$67 \times 23 = \square = \square$

(4)

$54 \times 96 =$ 　　　　　　$96 \times 54 =$

$$\begin{array}{r} 54 \\ \times \quad 96 \\ \hline \end{array} \qquad \begin{array}{r} 96 \\ \times \quad 54 \\ \hline \end{array}$$

$54 \times 96 =$ ☐ $=$ ☐

문제 3 | 보기와 같이 더 간단하게 곱셈을 할 수 있는 식을 찾아 계산하시오.

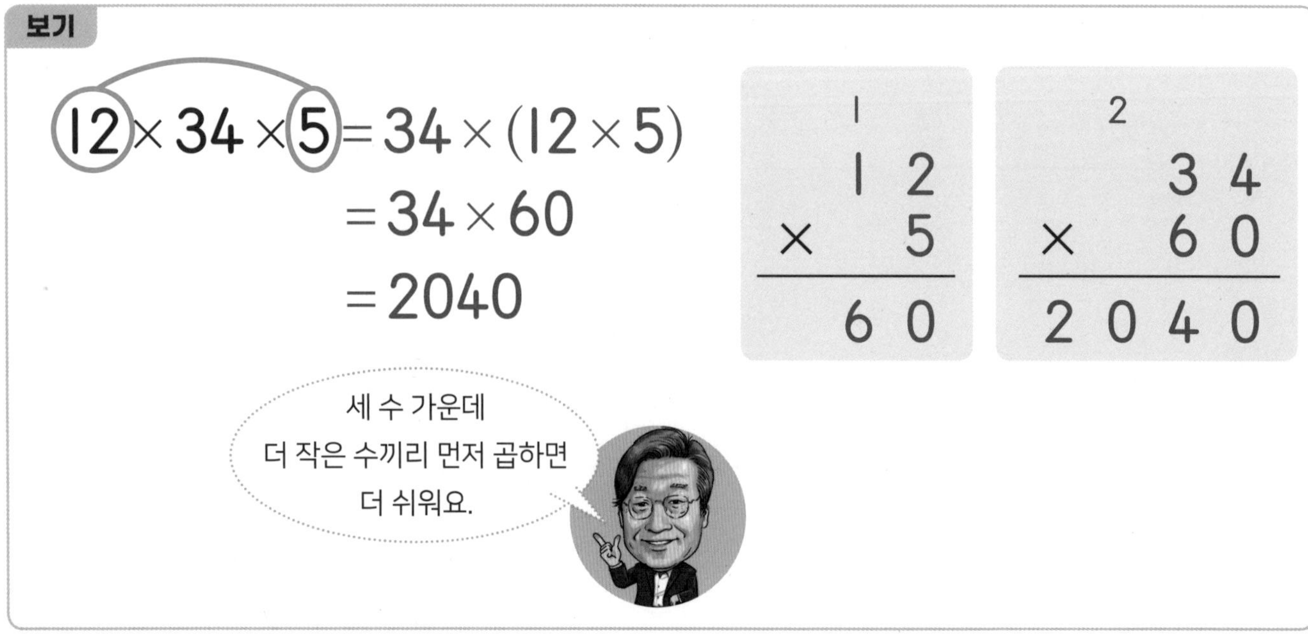

문제 3 앞에서 익힌 곱셈의 교환법칙과 결합법칙을 적절히 사용하면 더 쉽고 간단하게 계산할 수 있음을 익힌다. 무작정 계산부터 하기 전에 먼저 문제의 숫자를 관찰하도록 하자.

(1) $2 \times 47 \times 5 =$

(2) $5 \times 68 \times 6 =$

(3) $14 \times 39 \times 5 =$

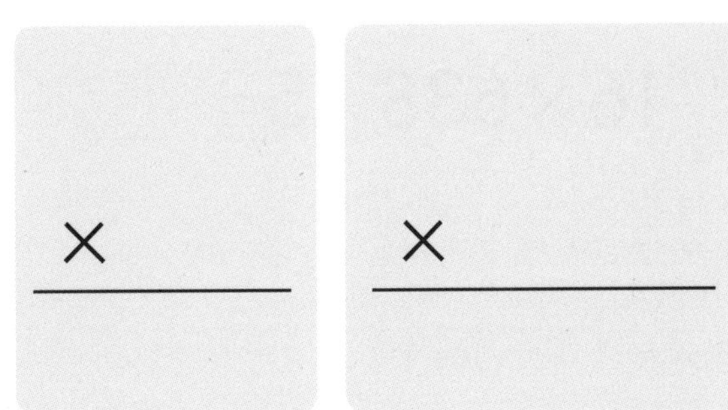

(4) $12 \times 169 \times 5 =$

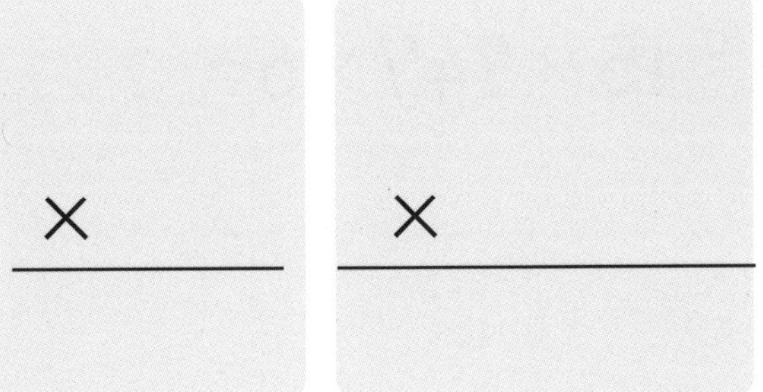

(5) $25 \times 348 \times 2 =$

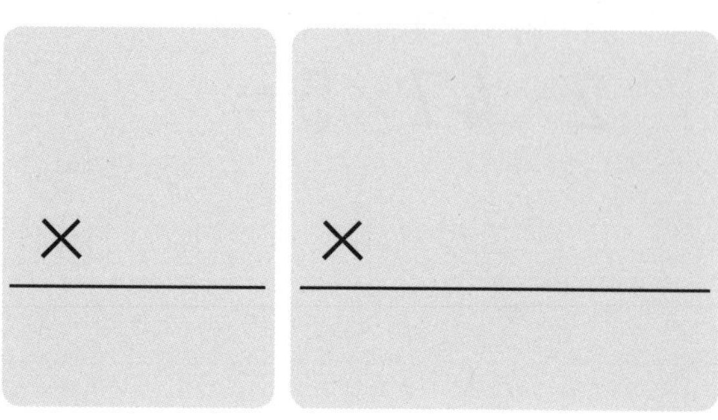

(6) $4 \times 729 \times 15 =$

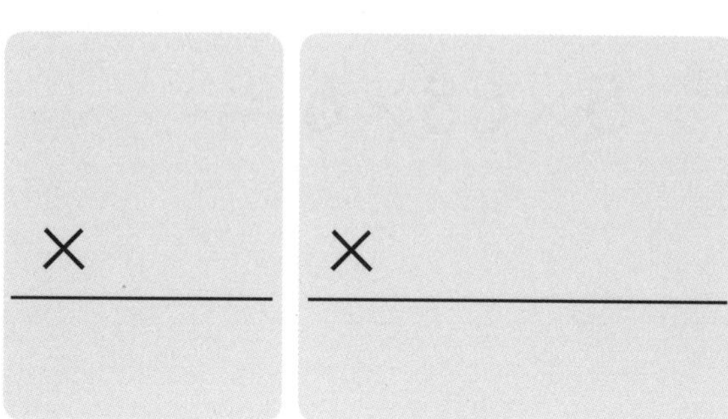

(7) $16 \times 638 \times 5 =$

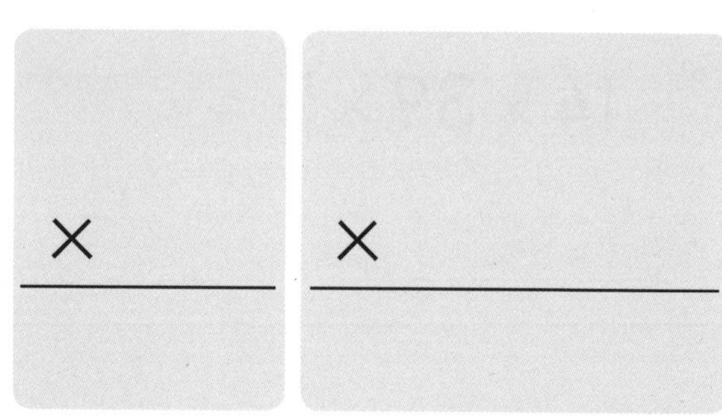

(8) $15 \times 947 \times 6 =$

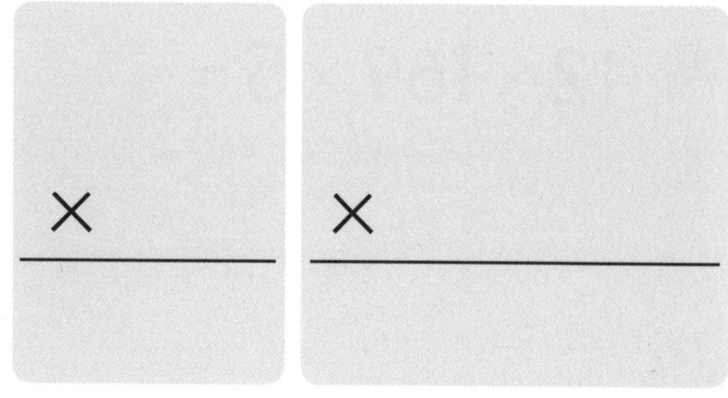

2

나눗셈의 완성

1 일차 한 자리 수로 나누기

공부한 날짜 월 일

문제 1 | 다음 나눗셈을 하고 곱셈식으로 나타내시오.

(1) $53 \div 3 = \square \cdots \square$

$3 \overline{)\,5\ 3}$

곱셈식 : ______________

(2) $97 \div 2 = \square \cdots \square$

$2 \overline{)\,9\ 7}$

곱셈식 : ______________

(3) $76 \div 4 = \square \cdots \square$

$4 \overline{)\,7\ 6}$

곱셈식 : ______________

(4) $45 \div 2 = \square \cdots \square$

$2 \overline{)\,4\ 5}$

곱셈식 : ______________

문제 1 〈7권. 한 자리 수로 나누는 나눗셈〉(3학년 2학기)의 복습이다. 두 자리 수를 한 자리 수로 나누는 나눗셈 풀이과정을 점검한다. 자세한 내용은 52쪽 해설을 참조하라.

문제 2 | 다음 나눗셈을 하고 곱셈식으로 나타내시오.

(1) $637 \div 5 = \square \cdots \square$

5) 6 3 7

곱셈식 : ______

(2) $918 \div 7 = \square \cdots \square$

7) 9 1 8

곱셈식 : ______

(3) $759 \div 3 = \square \cdots \square$

3) 7 5 9

곱셈식 : ______

(4) $948 \div 4 = \square \cdots \square$

4) 9 4 8

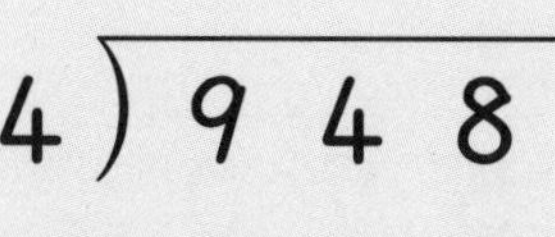

곱셈식 : ______

문제 2 [문제 1]에 이어 나누어지는 수(피제수)가 세 자리 수일 때 나누는 수(제수)가 한 자리 수인 나눗셈 풀이과정을 점검한다. 나눗셈의 답이 나머지가 있는 경우와 없는 경우를 굳이 구분할 필요는 없다. 나누어 떨어지는 나눗셈은 나머지가 0인 특수한 나눗셈으로 인식할 수 있으면 충분하다.

문제 3 | 다음 나눗셈을 하고 곱셈식으로 나타내시오.

(1) $117 \div 2 = \square \cdots \square$

곱셈식 : ______________________

(2) $349 \div 5 = \square \cdots \square$

5) 3 4 9

곱셈식 : ______________________

(3) $570 \div 9 = \square \cdots \square$

9) 5 7 0

곱셈식 : ______________________

(4) $284 \div 6 = \square \cdots \square$

6) 2 8 4

곱셈식 : ______________________

문제 3 [문제 2]와 같이 나누어지는 수(피제수)가 세 자리 수이고 나누는 수(제수)가 한 자리 수인 나눗셈 풀이과정을 점검한다. 몫이 두 자리 수인 경우의 나눗셈이다.

(5) $309 \div 6 = \square \cdots \square$

곱셈식 : ____________________

(6) $357 \div 7 = \square \cdots \square$

7)3 5 7

곱셈식 : ____________________

(7) $564 \div 8 = \square \cdots \square$

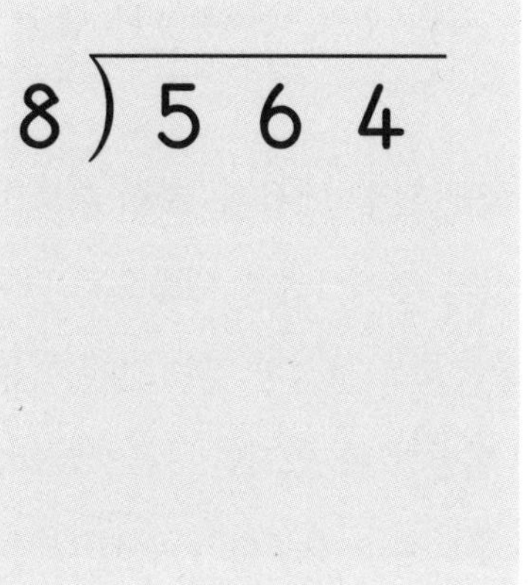

곱셈식 : ____________________

(8) $810 \div 9 = \square \cdots \square$

9)8 1 0

곱셈식 : ____________________

교사용 해설

다시 확인하는 나머지의 중요성

8권(4학년 1학기)에서 다루는 나눗셈의 핵심 내용은 제목 그대로 '나눗셈의 완성'이다. 7권(3학년 2학기) 〈한 자리 수로 나누는 나눗셈〉에 이어 나누는 수를 두 자리 수까지 확장한다.

6권 〈나눗셈의 기초〉와 7권 〈한 자리 수로 나누는 나눗셈〉에서 우리는 나눗셈의 '나머지'에 초점을 두었다. 이는 기존의 교육과정이 아래와 같이 '나머지'를 나중에 제시함으로써 아이들이 나눗셈 학습에서 어려움을 겪고 있다는 진단에 따른 것이었다.

(몇십 몇)÷(몇)

```
    1 2          1 6
 3 ) 3 6      3 ) 4 8
     3            3
     ---          ---
       6          ①8
       6          1 8
     ---          ---
       0            0
```

⬇

나머지가 있는 (몇십)÷(몇)

```
      3          1 5
 5 ) 1 9      3 ) 4 7
     1 5          3
     ---          ---
       ④          1 7
                  1 5
                  ---
                    ②
```

기존의 교육과정에서는 36÷3이나 48÷3과 같이 나머지가 없는 나눗셈을 먼저 제시한 후, 19÷5나 47÷3과 같이 나머지가 있는 나눗셈을 제시하며 그제야 나머지가 무엇인지 알려준다.

그러나 이는 나머지가 나눗셈의 답에서만이 아니라, 계산 과정에서도 나타날 수 있음을 간과한 오류였다. 위의 예에서 나눗셈 48÷3은 나머지가 0이지만, 풀이과정에서 이미 나머지가 나타난다. 즉, 4÷3(실제로는 40÷3)에서 나머지 1(실제로는 10)이 나타나는데, 바로 이 지점에서 아이들은 큰 혼란을 겪는다. 나머지가 무엇인지를 배우지 않았기 때문이다.

『생각하는 초등연산』에서는 이러한 혼란을 해소하기 위해 나눗셈의 학습 내용을 기존의 교육과정과 다르게 구성하였다. 6권 〈나눗셈의 도입〉에서부터 나머지를 도입하였을 뿐만 아니라, 7권 〈한 자리 수로 나누는 나눗셈〉에서도 먼저 나머지를 알려준 후 두 자리 수를 한 자리 수로 나누는 나눗셈을 학습하도록 구성하였다.

8권 〈나눗셈의 완성〉에서 두 자리 수로 나누는 나눗셈을 학습하기 전에 1일차 내용으로 나머지 학습을 점검하는 활동으로 구성한 것도 같은 이유다.

앞 권에서 설명한 바 있지만, 나눗셈 학습에서 나머지 개념의 중요성을 강조하기 위해 다시 한 번 상세한 설명을 덧붙인다.

한 자리 수 나눗셈의 단계적 복습

1일차의 [문제 1]은 두 자리 수를 한 자리 수로 나누는, 두 가지 경우의 나눗셈을 복습한다.

(1) 53÷3=17 … 2

```
     1 7
  3 ) 5 3
      3
    -----
     ② 3
      2 1
    -----
        2
```

곱셈식 : 3×17+2=53

(2) 76÷4=19 … 0

```
     1 9
  4 ) 7 6
      4
    -----
     ③ 6
      3 6
    -----
        0
```

곱셈식 : 4×19=76

위의 두 나눗셈은 십의 자리에서 각각 나머지 2와 3이 나타난다는 공통점이 있다. 그런데 나눗셈의 최종 결과는 나머지가 있는 경우와 나머지가 없는 경우로 분류되므로 각각 복습하도록 하였다. 그리고 이들 나눗셈을 각각 곱셈식 '3×17 + 2 = 53'과 '4×19 = 76'으로 나타내는 활동을 통해 그 차이를 확인할 수 있도록 하였다.

이어서 [문제 2]는 세 자리 수를 한 자리 수로 나누는 나눗셈으로, 다음과 같은 순서로 복습하도록 하였다.

(1) 637÷5=127 … 2

```
      1 2 7
  5 ) 6 3 7
      5
    -------
     ① 3
      1 0
    -------
        3 7
        3 5
    -------
          2
```

곱셈식 : 5×127+2=637

(2) 917÷7=131 … 0

```
      1 3 1
  7 ) 9 1 7
      7
    -------
     ② 1
      2 1
    -------
          7
          7
    -------
          0
```

곱셈식 : 7×131=917

교사용 해설

이들은 모두 백의 자리에서 나머지가 나타난다는 공통점을 갖는다. 이어지는 나눗셈에서는 십의 자리에 나머지가 있는 경우와, 나머지가 없는 경우로 분류하였다.

이어서 [문제 3]은 다음과 같이 백의 자리 수만으로 나눌 수 없는 다음과 같은 두 가지 유형의 문제를 복습한다.

(1) $117 \div 2 = \boxed{58} \cdots \boxed{1}$

```
     5 8
2 ) 1 1 7
    1 0
      (1) 7
      1 6
        1
```

곱셈식 : $2 \times 58 + 1 = 117$

(2) $357 \div 7 = \boxed{51} \cdots \boxed{0}$

```
     5 1
7 ) 3 5 7
    3 5
        7
        7
        0
```

곱셈식 : $7 \times 51 = 357$

다시 말하면 백과 십의 자리 수로 나누는 나눗셈의 두 가지 유형, 즉, 나머지가 있는 경우와 없는 경우의 나눗셈을 익히는 것이다. 물론 여기서도 나눗셈의 답에 나머지가 있는 경우와 없는 경우의 두 가지 나눗셈을 복습하고, 이를 곱셈식으로 나타내어 그 차이를 확인한다.

'나누어 떨어지는 수'는 약수와 배수라는 정수론에서 중요한 개념 가운데 하나다. 하지만 나눗셈이라는 연산을 학습하는 초등학교 아이에게는 나머지 개념의 이해가 나눗셈 지도의 핵심이라는 사실을 간과해서는 안 된다. 나머지가 나눗셈의 답뿐 아니라 계산 과정에도 나타난다는 점을 감안해야 한다는 것이다.

나눗셈은 곱셈의 역

한 자리 수로 나누는 나눗셈의 몫을 결정하는 것은 결국 곱셈이다. 예를 들어 19÷5의 몫 3은 곱셈 5×□로부터 얻는다. 즉, 나눗셈 19÷5의 '몫 3'은 5의 배수 가운데 '나누어지는 수 19'에 가장 가까운 어림값, 더 정확히 기술하면 '19보다 작은 5의 배수 가운데 가장 큰 수'인 곱셈 5×3=15으로부터 얻는다. 『생각하는 초등연산』의 나눗셈에서 유독 곱셈식 표현이 많이 눈에 띄는 것은 이 같은 곱셈과 나눗셈의 밀접

한 관계를 충실히 익히도록 하려는 의도다.

나눗셈의 완성을 위한, 두 자리 수로 나누는 나눗셈의 몫을 결정하는 것도 다르지 않다. 예를 들어 나눗셈 38÷12의 몫을 결정하는 과정은, 나누어지는 수 38보다 작은 12의 배수, 즉 12×□인 수 가운데 가장 큰 수인 12×3=36을 찾는 것이다. 이를 다음과 같은 수직선 모델을 활용하면 더 쉽게 눈으로 확인할 수 있다.

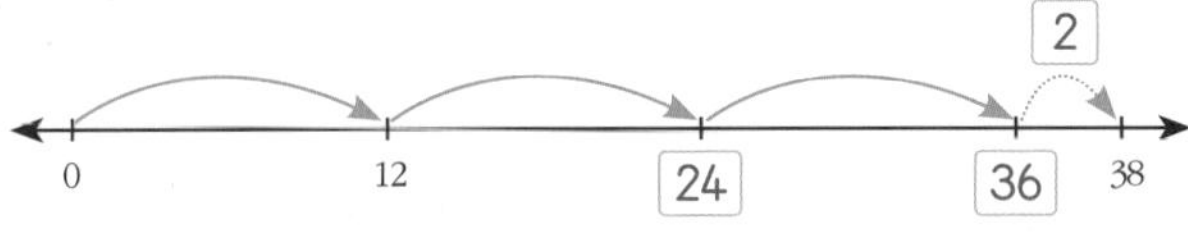

세로식의 나눗셈에서는 다음과 같이 제수가 피제수보다 크지 않아야 하기 때문에 피제수를 가능한 작게 3(실제로는 30)으로 어림하여 몫 3을 얻을 수 있다.

1□)3□ ➡

```
      3
12) 3 8
    3 6
   ----
      2
```

어쨌든 두 자리 수로 나누는 나눗셈에서도 실제로는 곱셈을 해야 한다는 것을 알 수 있다. 『생각하는 초등 연산』의 나눗셈 문제들의 말미에 곱셈식으로 바꾸는 문제가 들어 있는 이유가 이제 분명해졌을 것이다.

2일차 두 자리 수÷두 자리 수 (1)

공부한 날짜 월 일

문제 1 | 나눗셈을 하고 곱셈식으로 고치시오.

(1) $75 \div 2 = \square \cdots \square$

$2\overline{)75}$

곱셈식 : ____________

(2) $68 \div 3 = \square \cdots \square$

$3\overline{)68}$

곱셈식 : ____________

(3) $750 \div 6 = \square \cdots \square$

$6\overline{)750}$

곱셈식 : ____________

(4) $907 \div 5 = \square \cdots \square$

$5\overline{)907}$

곱셈식 : ____________

선생님만 보세요 **문제 1** 두 자리 수와 세 자리 수를 한 자리 수로 나누는 나눗셈의 복습이다.

(5) $567 \div 9 = \square \cdots \square$

곱셈식 : ____________

(6) $423 \div 7 = \square \cdots \square$

7) 4 2 3

곱셈식 : ____________

문제 2 | 보기와 같이 □ 안에 알맞은 수와 식을 쓰시오.

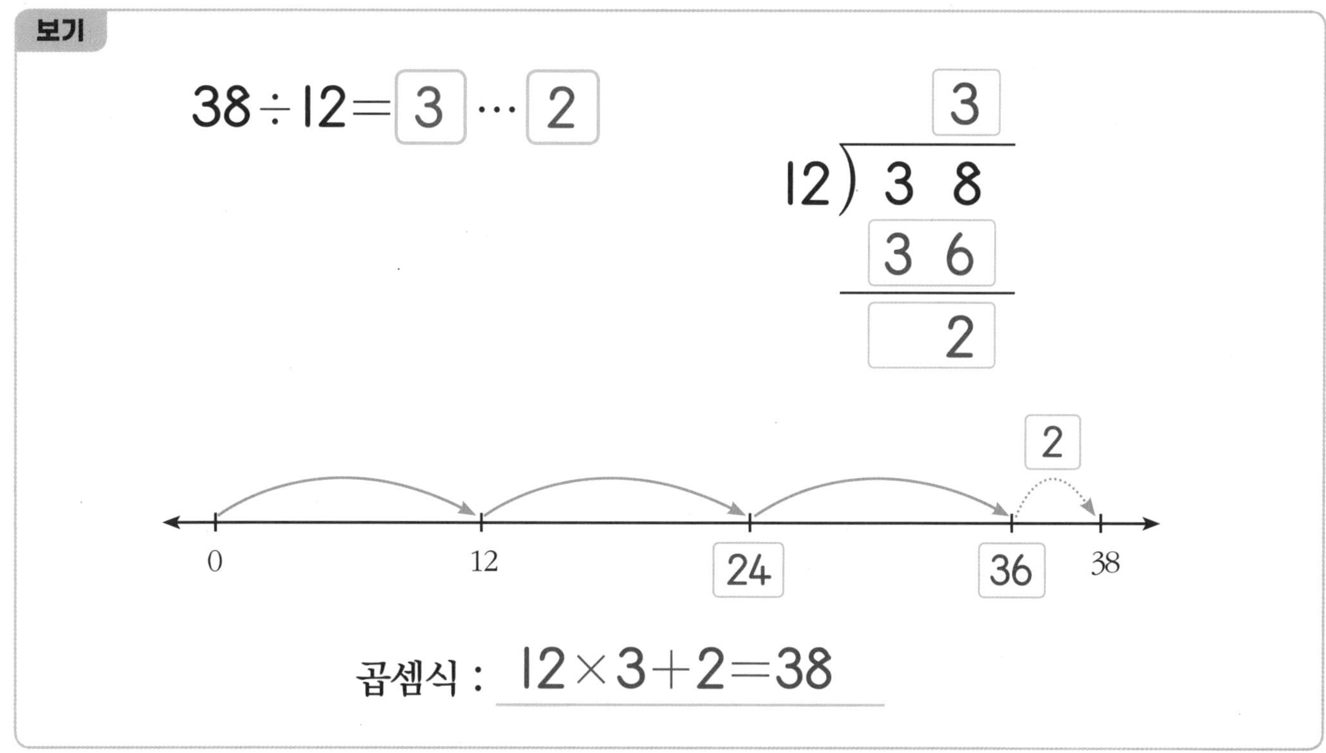

문제 2 나누는 수(제수)가 두 자리 수인 나눗셈의 첫 번째 유형이다. 나누어지는 수(피제수)도 두 자리 수인 경우, 피제수와 제수의 십의 자리 수를 어림하여 몫을 결정하는 나눗셈을 익힌다. 수직선 모델에서 이를 눈으로 확인할 수 있다.

(1) $47 \div 20 = \square \cdots \square$

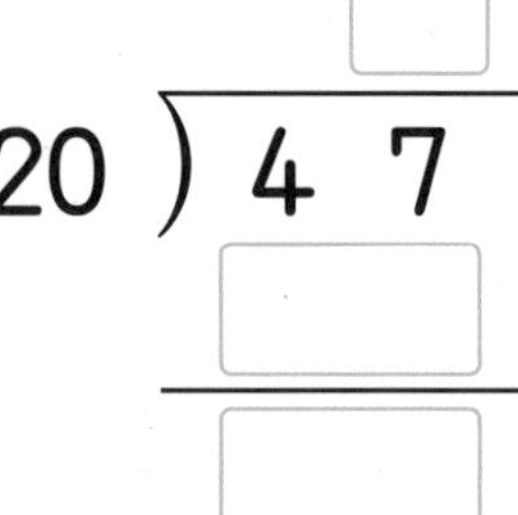

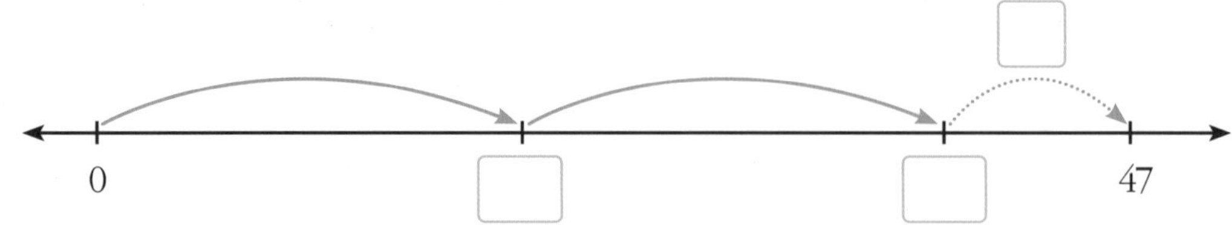

곱셈식 : ______________

(2) $65 \div 30 = \square \cdots \square$

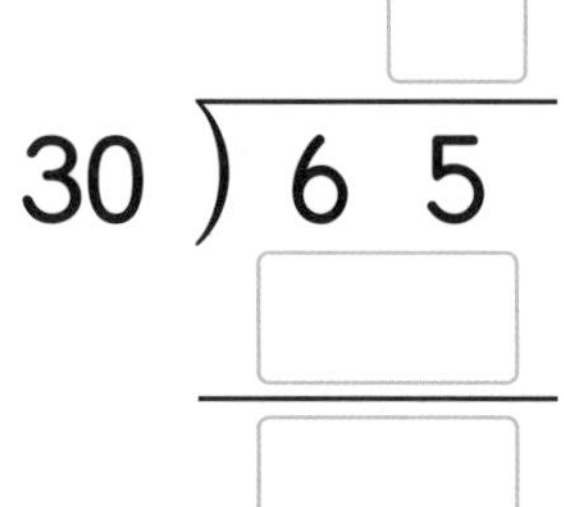

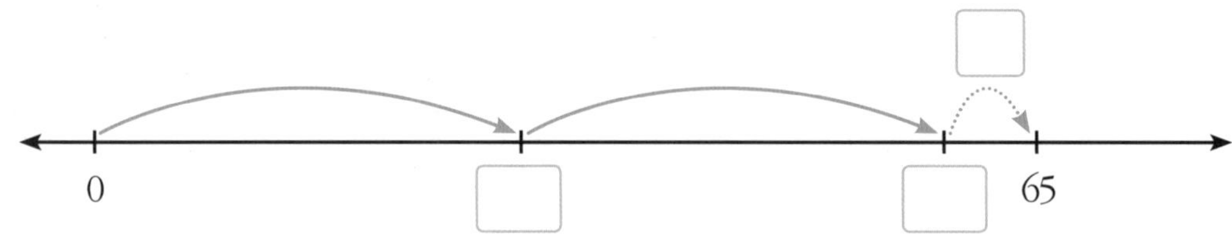

곱셈식 : ______________

(3) 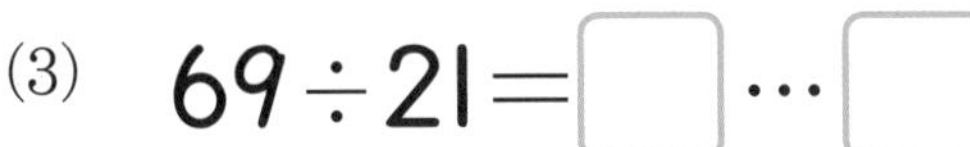

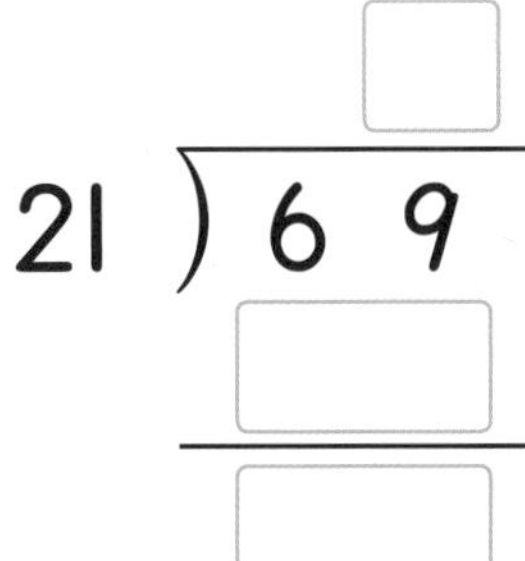

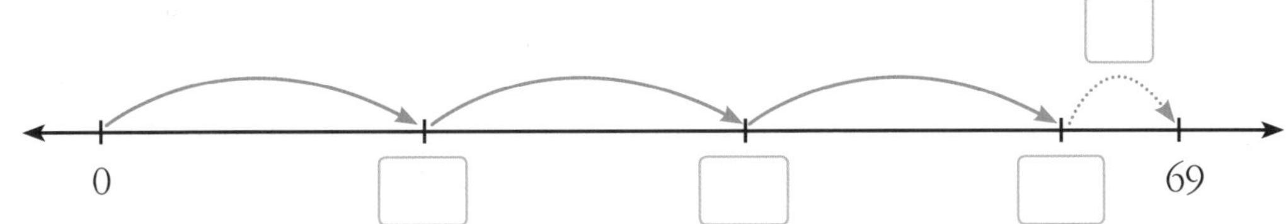

곱셈식 : ______________________

(4) $27 \div 12 = \square \cdots \square$

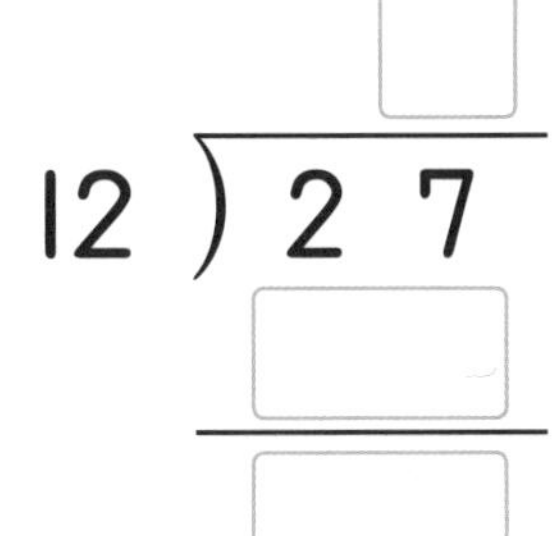

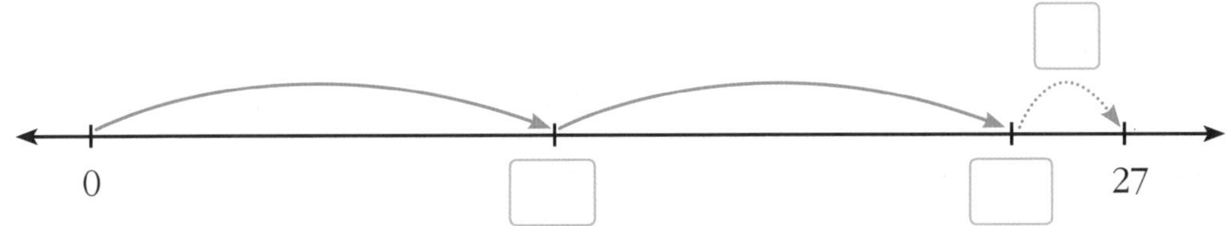

곱셈식 : ______________________

(5) 39÷13=☐…☐

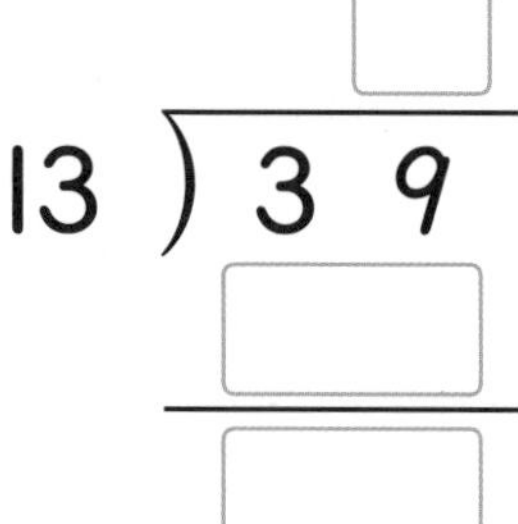

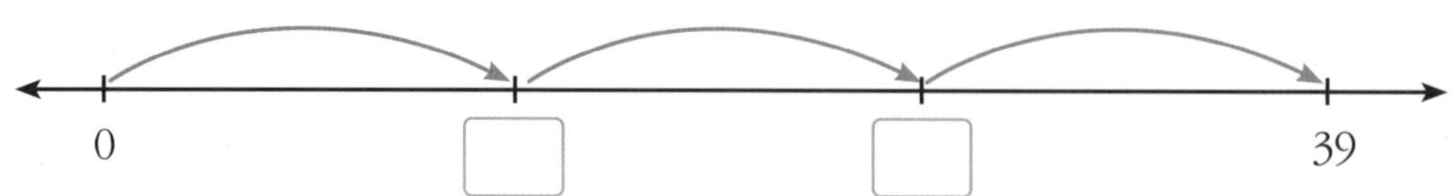

곱셈식 : ____________

(6) 89÷22=☐…☐

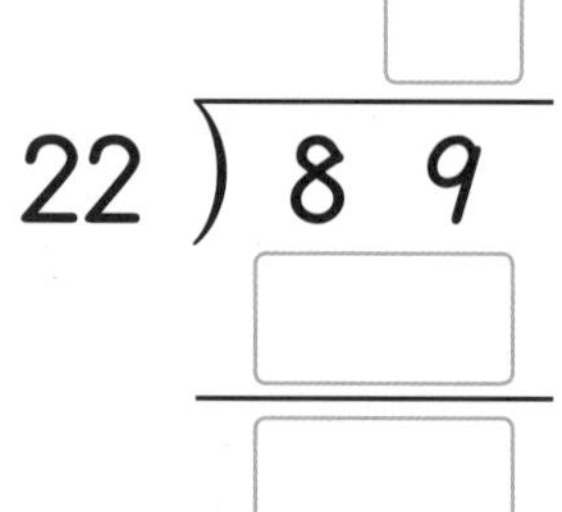

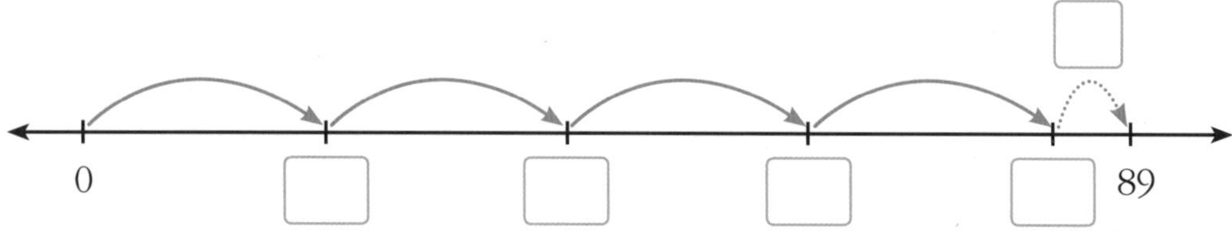

곱셈식 : ____________

(7) $97 \div 32 = \square \cdots \square$

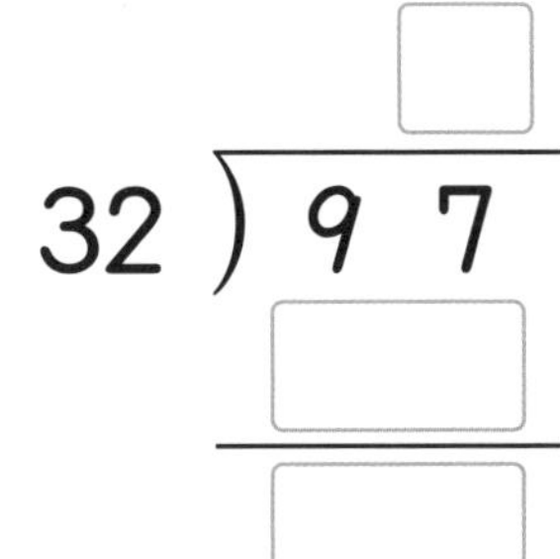

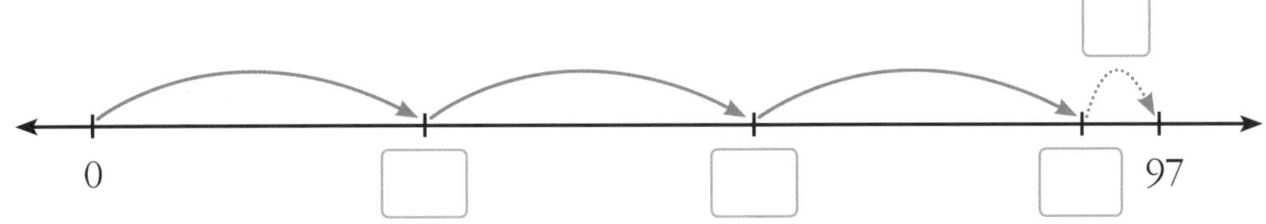

곱셈식 : ____________________

문제 3 | 보기와 같이 나눗셈을 하시오.

보기

```
      3
30 ) 9 2
     9 0
     ---
       2
```

나눗셈식 : $92 \div 30 = 3 \cdots 2$

(1)

```
20 ) 4 3
```

나눗셈식 : ____________________

문제 3 앞의 문제에서 익힌 두 자리 수 나눗셈을 연습하는 활동이다.

(2)

$$40\overline{)87}$$

나눗셈식 : ____________________

(3)

$$21\overline{)86}$$

나눗셈식 : ____________________

(4)

$$32\overline{)96}$$

나눗셈식 : ____________________

(5)

$$43\overline{)89}$$

나눗셈식 : ____________________

3일차 두 자리 수 ÷ 두 자리 수 (2)

공부한 날짜 월 일

문제 1 | 나눗셈을 하시오.

(1)

$$20\overline{)\,85}$$

나눗셈식 : ____________

(2)

$$12\overline{)\,37}$$

나눗셈식 : ____________

(3)

$$34\overline{)\,68}$$

나눗셈식 : ____________

(4)

$$41\overline{)\,89}$$

나눗셈식 : ____________

선생님만 보세요

문제 1 피제수와 제수가 각각 두 자리 수인 나눗셈 가운데 가장 간단한 나눗셈을 복습한다.

문제 2 | 보기를 참고하여 나눗셈을 하고 곱셈식으로 나타내시오.

보기

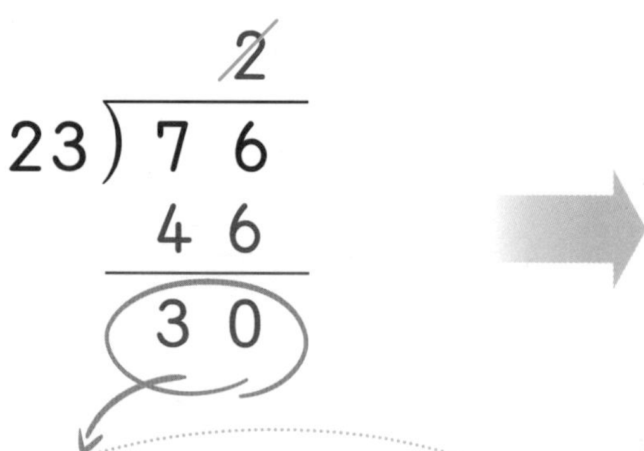

→

3
23) 7 6
6 9
7

나머지는 나누는 수 23보다
작아야 하는데, 30은 23보다
크니까 더 나눌 수 있네!

곱셈식 : $76=23\times3+7$

3
12) 3 5
3 6

→

2
12) 3 5
2 4
1 1

몫이 3이면 36(12×3=36).
그런데 36은 나뉘어지는 수 35보다
크니까, 3은 몫이 될 수가 없네.

곱셈식 : $35=12\times2+11$

문제 2 피제수와 제수가 각각 두 자리 수인 나눗셈의 몫을 결정할 때 필요한 어림 활동과 시행착오를 체험하는 문제다. 나뉘어지는 수와 나누는 수의 십의 자리만 보고 몫을 결정하면 시행착오를 겪게 되는 나눗셈 문제들이다. 이에 대한 자세한 설명은 69쪽을 참조하라.

(1)

$14\overline{)35}$

곱셈식 : ______________________

(2)

$23\overline{)81}$

곱셈식 : ______________________

(3)

$15\overline{)49}$

곱셈식 : ______________________

(4)

$24\overline{)63}$

곱셈식 : ______________________

(5)

$12\overline{)50}$

곱셈식 : ______________________

(6)

$28\overline{)93}$

곱셈식 : ______________________

(7)

$$34\overline{)95}$$

곱셈식 : ______________________

(8)

$$45\overline{)96}$$

곱셈식 : ______________________

(9)

$$13\overline{)78}$$

곱셈식 : ______________________

(10)

$$29\overline{)50}$$

곱셈식 : ______________________

문제 3 | 보기를 참고하여 나눗셈을 하고 곱셈식으로 나타내시오.

보기

89 ÷ 13 = [6] ⋯ [11]

$$\begin{array}{r} \cancel{5} \\ 13 \overline{)\,8\ 9} \\ 6\ 5 \\ \hline 2\ 4 \end{array}$$

나머지는 나누는 수 13보다 작아야 하는데, 24는 13보다 크니까 더 나눌 수 있네!

$$\begin{array}{r} \cancel{7} \\ 13 \overline{)\,8\ 9} \\ 9\ 1 \end{array}$$

몫이 7이면 91(13×7=91). 91은 나뉘어지는 수 89보다 크니까, 7은 몫이 될 수가 없네!

그래서 몫은 6이야.

$$\begin{array}{r} 6 \\ 13 \overline{)\,8\ 9} \\ 7\ 8 \\ \hline 1\ 1 \end{array}$$

(1) $14 \overline{)\,6\ 7}$

곱셈식 : ____________

(2) $13 \overline{)\,7\ 2}$

곱셈식 : ____________

문제 3 피제수와 제수가 각각 두 자리 수인 나눗셈을 연습한다. 몫을 결정할 때 적절한 어림셈이 필요한 문제들이다. 나눗셈 결과를 곱셈식으로 나타내며 검산과 함께 곱셈과 나눗셈의 관계에 대한 이해의 폭을 넓힌다.

(3)

$15\overline{)75}$

곱셈식 : ______________

(4)

$14\overline{)52}$

곱셈식 : ______________

(5)

$12\overline{)81}$

곱셈식 : ______________

(6)

$13\overline{)60}$

곱셈식 : ______________

(7)

$14\overline{)91}$

곱셈식 : ______________

(8)

$15\overline{)53}$

곱셈식 : ______________

어림과 시행착오를 요구하는 나눗셈의 몫

두 자리 수로 나누는 나눗셈의 몫을 결정하는 과정은, 피제수와 제수에 대한 어림과 함께 시행착오를 요구한다. 이 때문에 아이들은 나눗셈을 지금까지의 연산과는 사뭇 다른 연산이라 여기며 어려워할 수 있다. 따라서 두 자리 수로 나누는 나눗셈에서 피제수와 제수는, 아이들이 몫을 결정하기 위한 어림과 시행착오를 체험할 수 있도록 세심하고 신중하게 제시해야 한다. 이를 차례로 알아보자.

우선 몫을 결정할 때 시행착오를 겪을 수 있는데, 예를 들어 다음 나눗셈을 보라.

36)75 ➡ 36)75 (몫 ~~1~~, 36, 나머지 39) ➡ 36)75 (몫 2, 72, 나머지 3)

나머지 39는 나누는 수 36보다 더 크니까 몫을 1보다 더 큰 수인 2로 해야겠네!

나눗셈 75÷36에서 몫이 1이면 나머지 39를 얻는다. 그러나 나눗셈의 나머지는 항상 제수보다 작아야 한다. 39는 제수인 36으로 더 나눌 수 있어 사실상 나머지라 할 수 없다. 따라서 몫을 1보다 1만큼 더 큰 수인 2로 결정을 바꾸면서, 처음에 얻은 몫을 정정하는 시행착오를 경험하기도 한다.

한편, 몫의 결정에는 어림이 필요하다. 나눗셈 87÷25을 예로 들어보자.

2□)8□ ➡ 25)87 (몫 ~~4~~, 100) ➡ 25)87 (몫 3, 75, 나머지 12)

나머지 100은, 나누어지는 수 87보다 더 크니까 몫을 4보다 하나 더 작은 수 3으로 해야겠네!

이 나눗셈에서 피제수 87과 제수 25의 십의 자리인 8과 2에 주목하여 몫 4를 얻을 수 있다. 이는 두 수 87과 25에서 일의 자리 수를 고려하지 않은, 십의 자리 수만의 나눗셈 80÷20의 결과다. 어림으로 4를 선택했으나 세로식에서 몫 4가 너무 큰 수라는 사실을 발견한다. 따라서 이를 정정하여 몫을 4보다 1만큼 작은 3으로 결정하게 되는데, 이처럼 몫의 결정에서 시행착오를 경험하는 것이 필요하다.

세 자리 수를 두 자리 수로 나누는 나눗셈의 순서

세 자리 수를 두 자리 수로 나누는 나눗셈의 다음 두 가지 예가 어떤 차이가 있는지 확인해보자.

```
      2 4              4
18) 4 3 9      42) 1 6 9
    3 6            1 6 8
    -----          -----
      7 9              1
      7 2
    -----
        7
```

나눗셈 439÷18은 두 단계의 나눗셈이 필요하다. 먼저 43(실제 값은 430)을 18로 나누어 몫 2(실제 값은 20)와 나머지가 7(실제 값은 70)을 얻는다. 그리고 다시 79를 18로 나누어 몫 4와 나머지 7을 얻는다. 이 경우에는 모두 두 자리 수끼리의 나눗셈이므로 바로 앞에서 익혔던 절차를 그대로 적용하여 나눗셈을 두 번 거듭하면 된다.

두 번째 나눗셈 169÷42의 풀이는 아이들이 생소하게 여길 수 있다. 왜냐하면 나누는 수 42의 배수가 앞의 예와는 다르게 세 자리 수이기 때문이다. 어쨌든 42의 배수 구하기가 나눗셈 풀이의 요체이라는 것을 다음과 같이 수직선 모델에서 확인할 수 있다.

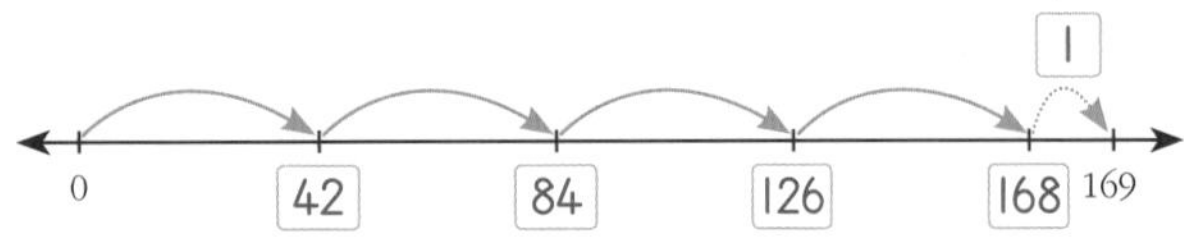

그렇다면 이 두 가지 유형 가운데 어느 것을 먼저 제시하는 것이 아이들에게 자연스러울지는 분명하지 않은가? 아이들이 편안하게 그리고 점진적으로 확장하여 나눗셈 절차를 익히도록 하려면, 나눗셈 439÷18을 먼저 제시한 다음 나눗셈 169÷42을 제시하는 것이 바람직하다.

하지만 교과서를 비롯한 기존의 교육과정은 반대의 순서로 제시하고 있다. 그 이유를 짐작하기는 그리 어렵지 않다. 나눗셈 결과인 몫이 한 자리 수에서 두 자리 수로 확장되고, 나눗셈 과정이 한 단계에서 두 단계로 늘어나는 것에 주목하였기 때문이다. 일견 이러한 구성이 자연스럽고 적절한 것처럼 보인다.

하지만 이는 겉으로 보이는 수식의 형태에만 초점을 두었을 뿐이다. 한 걸음 더 나아가 아이들이 이전에 어떤 나눗셈을 하였는지, 그리고 세 자리 수를 두 자리 수로 나누는 나눗셈을 접할 때 실제 아이들 머릿속에서 어떤 수학적 사고의 흐름이 전개되는가를 진지하게 탐색한다면, 교과서에 제시된 나눗셈 순서에 문제가 있음을 발견할 수 있을 것이다.

우리나라 아이들이 나눗셈을 학습하는 과정에서 어려움을 겪는 이유는 두 가지로 요약할 수 있다. 첫 번째는 앞에서 지적하였듯 나머지 도입의 순서가 잘못되었기 때문이다. 나머지를 나눗셈의 최종 결과로만 인식한 탓에, 나머지를 도입하기 전에 48÷3과 같은 나눗셈 풀이를 하도록 한 것이다. 십의 자리 숫자인

4를 3으로 나눌 때 이미 나머지 1이 나타나는데도 우리 교과서는 이를 나머지라 간주하지 않기 때문에 아이들이 곤혹스러워할 수밖에 없다.

두 번째 이유는 바로 앞의 예에서 나눗셈을 도입하는 순서 때문이라는 사실을 확인하였다. 그래서 『생각하는 초등연산』에서는 439÷18과 같은 유형의 나눗셈을 먼저 배우고, 이어서 169÷42와 같은 유형의 나눗셈을 학습하는 순서로 구성하였다.

439÷18과 같이 몫이 두 자리 수인 나눗셈이 겉보기엔 새로운 유형의 나눗셈인 것처럼 보이지만 실제 계산과정은 이미 배운 것을 활용하기 때문에 아이들이 어렵지 않게 접근할 수 있다. 이미 앞에서 익혔던 두 자리 수를 두 자리 수로 나누는 나눗셈을 두 번 거듭하는 것에 지나지 않기 때문이다.

반면에 169÷42와 같이 몫이 한 자리 수인 나눗셈은 단순해 보이고 계산과정도 한 단계에 그치지만, 아이들이 처음 접하는 새로운 유형의 나눗셈이다. 이러한 유형의 나눗셈에 익숙해지도록 『생각하는 초등연산』에서는 앞에서 보았던 수직선 모델을 제시하였다.

이와 같이 『생각하는 초등연산』은 제목에서 드러나듯 아이들의 수학적 사고가 자연스럽게 향상되는 데 초점을 두어 기존의 교육과정 순서와는 다르게 구성하였다는 사실을 밝힌다.

4 일차 세 자리 수 ÷ 두 자리 수 (1)

✎ 공부한 날짜 월 일

문제 1 | 나눗셈을 하고 곱셈식으로 나타내시오.

(1)

$25\overline{)63}$

곱셈식 : ______________

(2)

$37\overline{)71}$

곱셈식 : ______________

(3)

$19\overline{)57}$

곱셈식 : ______________

(4)

$14\overline{)82}$

곱셈식 : ______________

문제 1 피제수와 제수가 각각 두 자리 수인 나눗셈의 복습이다.

문제 2 | 보기를 참고하여 나눗셈을 하시오.

보기

$439 \div 18 = \boxed{24} \cdots \boxed{7}$

$$\begin{array}{r} \\ 18\overline{)439} \end{array} \rightarrow \begin{array}{r} 2 \\ 18\overline{)439} \\ 36 \\ \hline 7 \end{array} \rightarrow \begin{array}{r} 2 \\ 18\overline{)439} \\ 36 \\ \hline 79 \end{array} \rightarrow \begin{array}{r} 24 \\ 18\overline{)439} \\ 36 \\ \hline 79 \\ 72 \\ \hline 7 \end{array}$$

(1) $487 \div 20 = \square \cdots \square$

$$20\overline{)487}$$

(2) $974 \div 30 = \square \cdots \square$

$$30\overline{)974}$$

선생님만 보세요

문제 2 세 자리 수를 두 자리 수로 나누는 나눗셈에서 두 자리의 수의 몫을 결정하는 과정을 보기로 제시하여 두 단계의 나눗셈 절차를 익히는 활동이다.

(3) $297 \div 14 = \square \cdots \square$

$$14 \overline{)\,2\ 9\ 7}$$

(4) $934 \div 42 = \square \cdots \square$

$$42 \overline{)\,9\ 3\ 4}$$

(5) $374 \div 15 = \square \cdots \square$

$$15 \overline{)\,3\ 7\ 4}$$

(6) $729 \div 34 = \square \cdots \square$

$$34 \overline{)\,7\ 2\ 9}$$

(7) $736 \div 23 = \square \cdots \square$

$$23 \overline{)\,736}$$

(8) $900 \div 27 = \square \cdots \square$

$$27 \overline{)\,900}$$

(9) $688 \div 16 = \square \cdots \square$

$$16 \overline{)\,688}$$

(10) $934 \div 17 = \square \cdots \square$

$$17 \overline{)\,934}$$

문제 3 | 보기와 같이 나눗셈을 하시오.

보기

$941 \div 23 = \boxed{40} \cdots \boxed{21}$

$280 \div 14 = \boxed{20} \cdots \boxed{0}$

$$\begin{array}{r} 40 \\ 23\overline{)941} \\ \underline{92} \\ 21 \end{array}$$

나머지가 나누는 수보다 작아서 더 이상 나눌 수 없을 때, 몫에 '0'을 쓰는 것을 잊지 마세요!

$$\begin{array}{r} 20 \\ 14\overline{)280} \\ \underline{28} \\ 0 \end{array}$$

(1) $654 \div 32 = \square \cdots \square$

$32\overline{)654}$

(2) $895 \div 29 = \square \cdots \square$

$29\overline{)895}$

(3) $572 \div 14 = \square \cdots \square$

$14\overline{)572}$

(4) $724 \div 24 = \square \cdots \square$

$24\overline{)724}$

문제 3 [문제 2]와 같은 유형의 나눗셈이지만 몫의 일의 자리가 0인 특수한 나눗셈 풀이를 연습한다.

(5) $840 \div 42 = \square \cdots \square$

$42 \overline{)840}$

(6) $760 \div 19 = \square \cdots \square$

$19 \overline{)760}$

(7) $810 \div 27 = \square \cdots \square$

$27 \overline{)810}$

(8) $700 \div 35 = \square \cdots \square$

$35 \overline{)700}$

(9) $960 \div 16 = \square \cdots \square$

$16 \overline{)960}$

(10) $900 \div 18 = \square \cdots \square$

$18 \overline{)900}$

세 자리 수 ÷ 두 자리 수 (2)

공부한 날짜 월 일

문제 1 | 나눗셈을 하시오.

(1) 867÷40=☐ ··· ☐

40)847

(2) 635÷60=☐ ··· ☐

60)635

(3) 529÷23=☐ ··· ☐

23)529

(4) 486÷15=☐ ··· ☐

15)486

선생님만 보세요

문제 1 세 자리 수를 두 자리 수로 나누는 나눗셈에서 몫이 두 자리 수인 두 단계의 나눗셈을 복습한다.

(5) $918 \div 17 = \square \cdots \square$

$17\overline{)918}$

(6) $764 \div 38 = \square \cdots \square$

$38\overline{)764}$

(7) $735 \div 24 = \square \cdots \square$

$24\overline{)735}$

(8) $859 \div 76 = \square \cdots \square$

$76\overline{)859}$

문제 2 | 보기와 같이 □ 안에 알맞은 수와 식을 쓰시오.

보기

$169 \div 42 = \boxed{4} \cdots \boxed{1}$

$$\begin{array}{r} \boxed{4} \\ 42 \overline{)\,1\;6\;9} \\ \boxed{1\;6\;8} \\ \hline \boxed{\;\;\;\;1} \end{array}$$

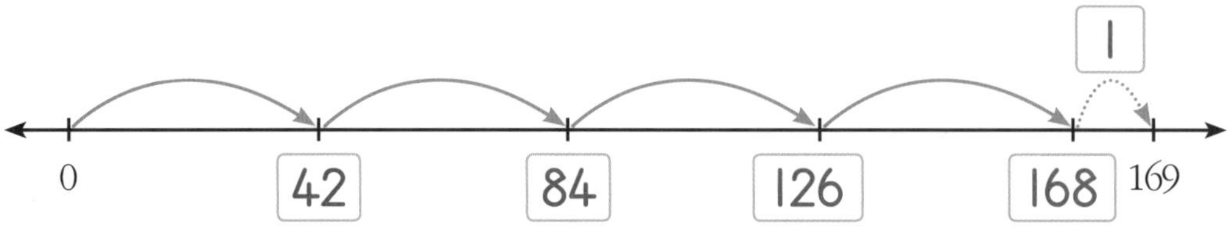

곱셈식 : $42 \times 4 + 1 = 169$

(1) $148 \div 70 = \square \cdots \square$

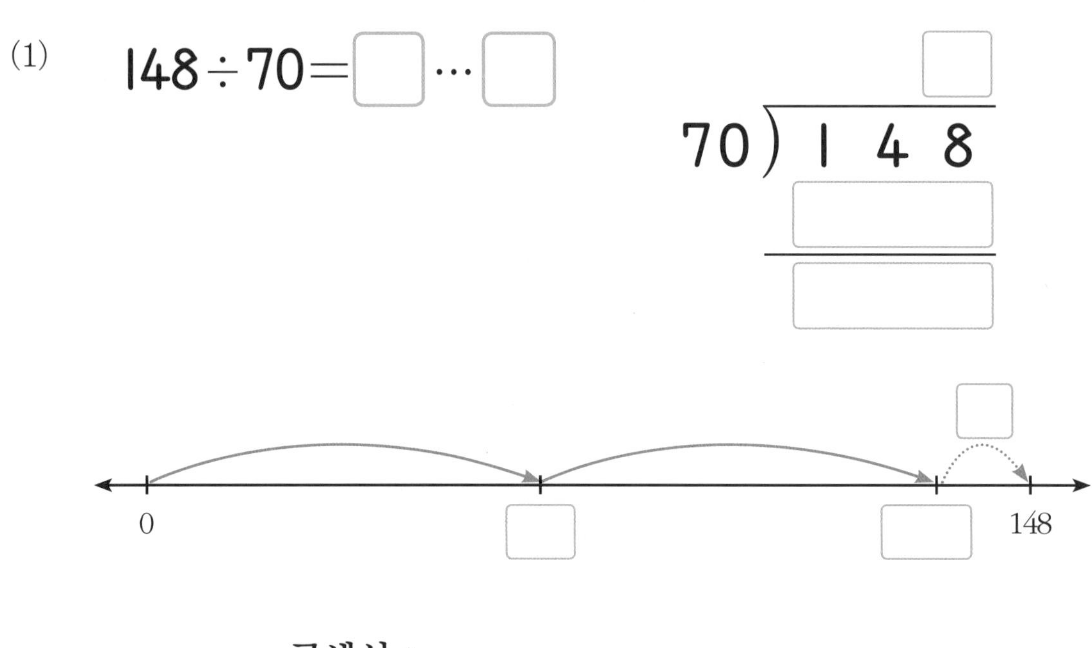

$$\begin{array}{r} \square \\ 70 \overline{)\,1\;4\;8} \\ \square \\ \hline \square \end{array}$$

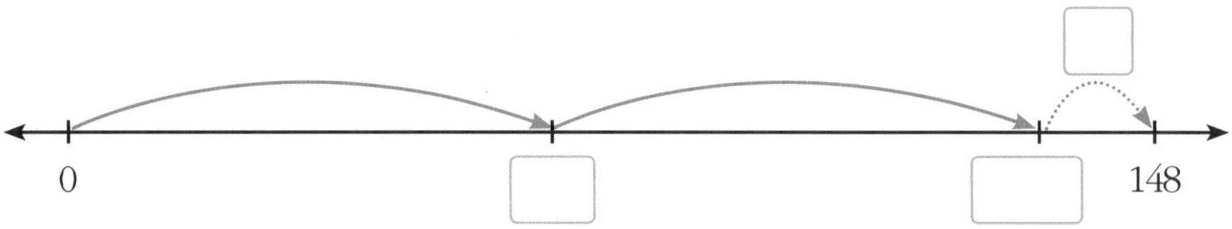

곱셈식 : ______________

선생님만 보세요

문제 2 세 자리 수를 두 자리 수로 나누는 나눗셈에서 한 자리 수인 몫을 찾기 위해 수직선에서 어림활동을 연습한다. 자세한 설명은 69쪽을 참조하라.

(2) 

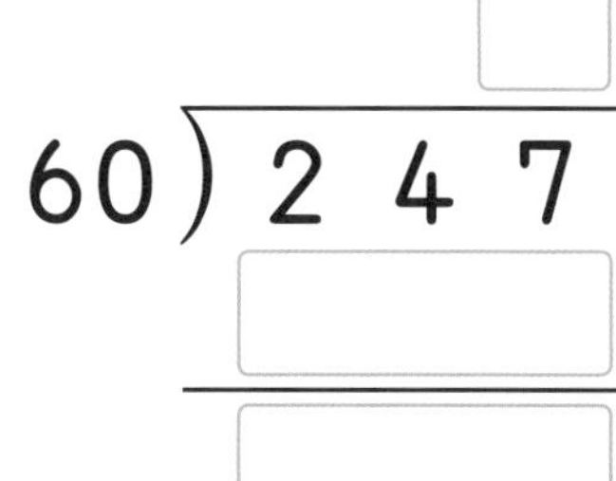

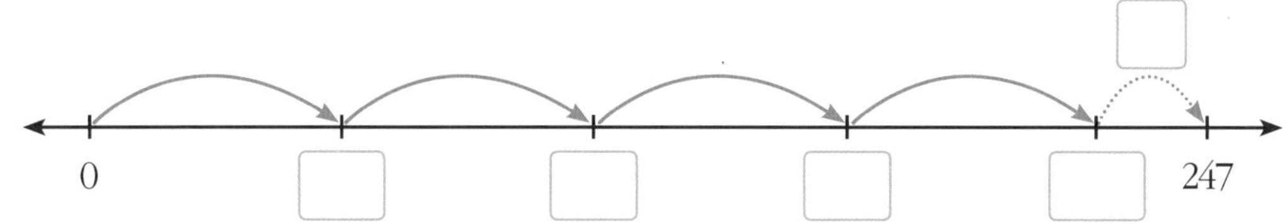

곱셈식 : ______________

(3) 159÷31=□…□

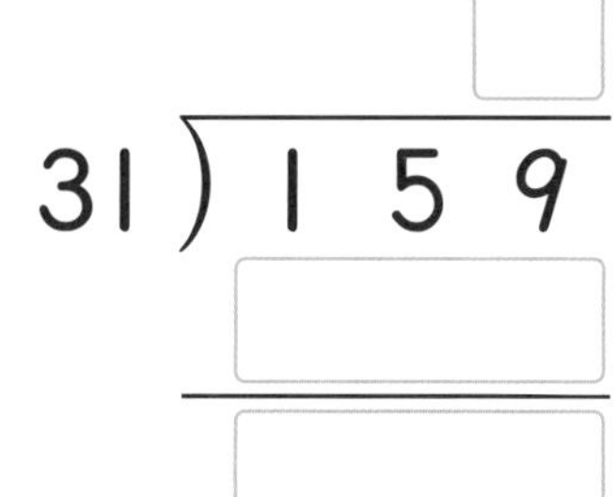

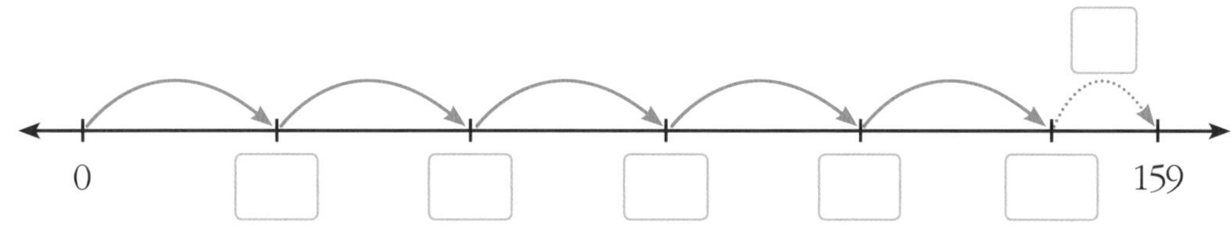

곱셈식 : ______________

(4) $246 \div 82 = \square \cdots \square$

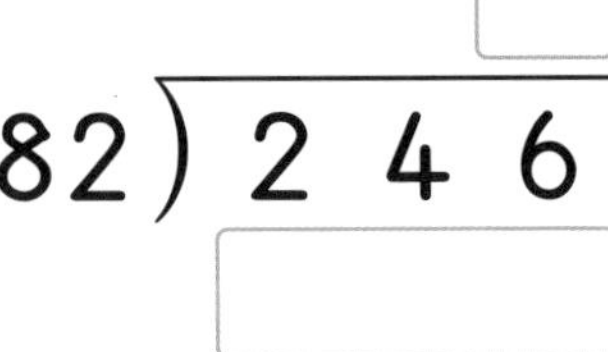

곱셈식 : ____________________

(5) $189 \div 94 = \square \cdots \square$

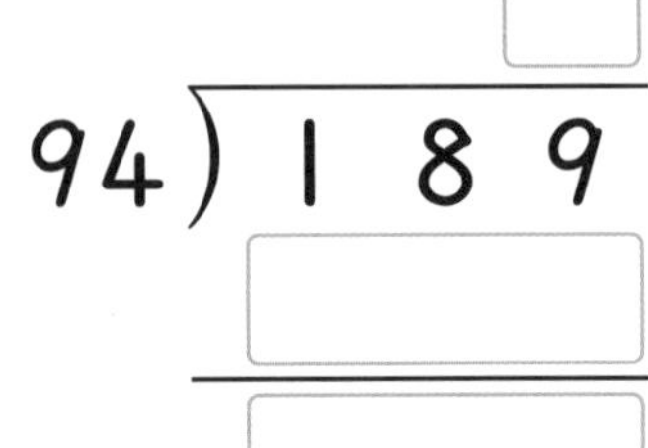

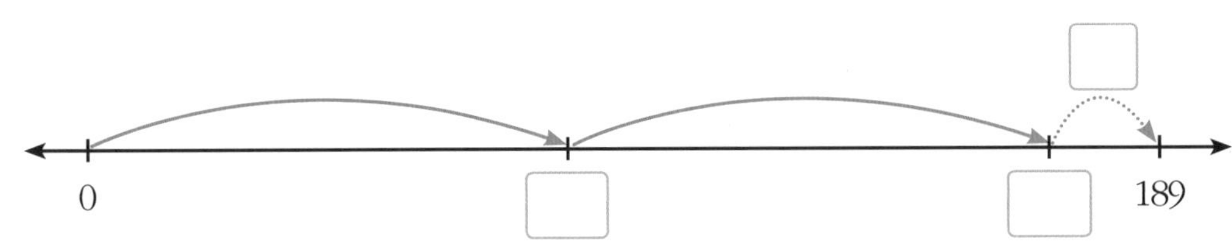

곱셈식 : ____________________

문제 3 | 보기와 같이 나눗셈을 하시오.

보기

$$\begin{array}{r} 9 \\ 30\overline{)276} \\ 270 \\ \hline 6 \end{array}$$

나눗셈식 : $276 \div 30 = 9 \cdots 6$

(1)

$$20\overline{)108}$$

나눗셈식 : ____________

(2)

$$70\overline{)425}$$

나눗셈식 : ____________

(3)

$$32\overline{)129}$$

나눗셈식 : ____________

(4)

$$62\overline{)248}$$

나눗셈식 : ____________

(5)

$$93\overline{)189}$$

나눗셈식 : ____________

문제 3 [문제 2]와 같이 세 자리 수를 두 자리 수로 나누는 나눗셈에서 몫이 한 자리 수인 나눗셈을 연습한다. 수직선이 주어지지 않았으므로 머릿속에서 떠올리며 몫에 대한 어림을 해야 한다. 비교적 몫이 간단한 나눗셈만 제시하였다.

6 일차 세 자리 수 ÷ 두 자리 수 (3)

공부한 날짜 월 일

문제 1 | 나눗셈을 하시오.

(1) $60\overline{)367}$

나눗셈식 : ____________

(2) $80\overline{)643}$

나눗셈식 : ____________

(3) $54\overline{)109}$

나눗셈식 : ____________

(4) $93\overline{)279}$

나눗셈식 : ____________

문제 1 세 자리 수를 두 자리 수로 나누는 나눗셈에서 몫이 한 자리 수인 나눗셈을 복습한다.

문제 2 | 보기를 참고하여 나눗셈을 하고 곱셈으로 나타내시오.

보기

140은 127보다 더 크니까, 몫을
4보다 하나 더 작은 수 3으로!

곱셈식 : $35 \times 3 + 22 = 127$

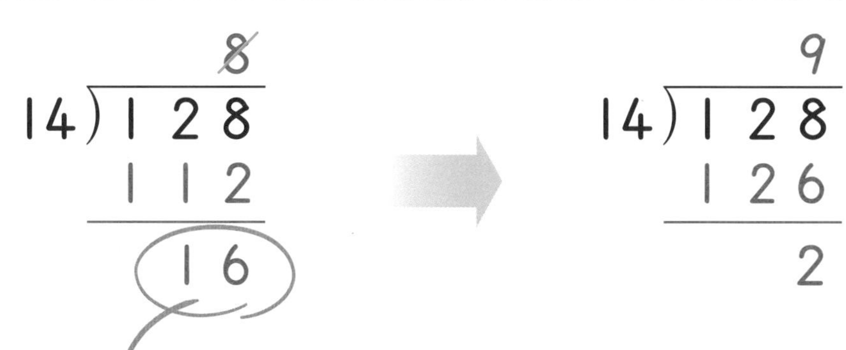

16은 14보다 더 크니까, 몫을
8보다 하나 더 큰 수 9로!

곱셈식 : $14 \times 9 + 2 = 128$

문제 2 세 자리 수를 두 자리 수로 나누는 나눗셈에서 몫을 구할 때 겪을 수 있는 시행착오를 보기에 제시하였다. 몫의 어림을 큰 수로 정한 후에 다시 작은 수로, 또는 작은 수로 정한 후에 다시 큰 수로 수정하는 경우를 보여준다. 이를 참고하여 나눗셈의 몫을 결정한다. 자세한 설명은 68쪽을 참조하라.

(1)

$$23\overline{)108}$$

곱셈식 : ____________

(2)

$$45\overline{)327}$$

곱셈식 : ____________

(3)

$$36\overline{)235}$$

곱셈식 : ____________

(4)

$$57\overline{)113}$$

곱셈식 : ____________

(5)

$$63\overline{)514}$$

곱셈식 : ____________

(6)

$$93\overline{)471}$$

곱셈식 : ____________

(7)

$$85\overline{)629}$$

곱셈식 :

(8)

$$97\overline{)138}$$

곱셈식 :

(9)

$$49\overline{)305}$$

곱셈식 :

(10)

$$72\overline{)500}$$

곱셈식 :

문제 3 | 보기를 참고하여 나눗셈을 하고 곱셈식으로 나타내시오.

보기

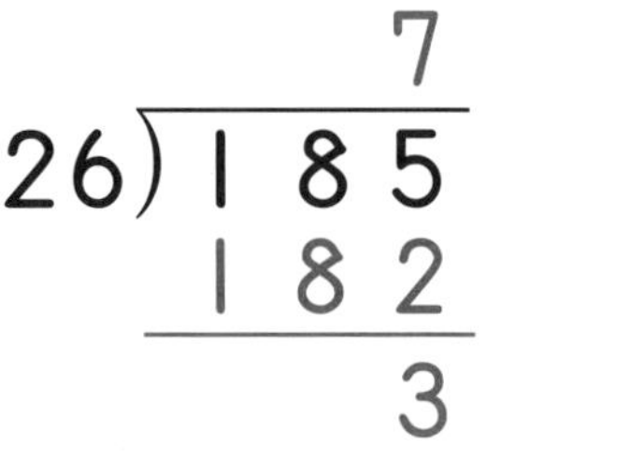

곱셈식 : $26 \times 7 + 3 = 185$

$$26\overline{)185}$$ (몫 9 → 234)

$$26\overline{)185}$$ (몫 8 → 208)

(1) $26\overline{)125}$

곱셈식 : ______________

(2) $38\overline{)157}$

곱셈식 : ______________

문제 3 [문제 2]와 같이 세 자리 수를 두 자리 수로 나누는 나눗셈에서 몫이 한 자리 수인 나눗셈을 연습한다. 수직선이 주어지지 않았으므로 암산으로 몫을 어림해야 한다. 시행착오를 두려워하지 않는 것이 중요하다. 언제든 몫을 수정할 수 있다는 자신감을 심어주기를 권한다.

(3)

$47\overline{)318}$

곱셈식 : ______

(4)

$39\overline{)273}$

곱셈식 : ______

(5)

$26\overline{)154}$

곱셈식 : ______

(6)

$16\overline{)135}$

곱셈식 : ______

(7)

$17\overline{)102}$

곱셈식 : ______

(8)

$19\overline{)103}$

곱셈식 : ______

7 일차 큰 수의 나눗셈 (1)

공부한 날짜 월 일

문제 1 | 나눗셈을 하고 곱셈식으로 나타내시오.

(1) $16\overline{)128}$

곱셈식 : ________________

(2) $27\overline{)129}$

곱셈식 : ________________

(3) $58\overline{)476}$

곱셈식 : ________________

(4) $92\overline{)801}$

곱셈식 : ________________

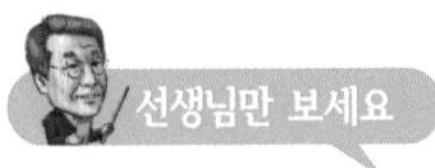

문제 1 세 자리 수를 두 자리 수로 나누는 나눗셈 가운데 몫이 한 자리 수인 나눗셈을 복습한다.

문제 2 | 보기와 같이 나눗셈을 하시오.

보기

587÷46= 12 … 35

```
       1 2
46 ) 5 8 7
     4 6
     -----
     1 2 7
       9 2
     -----
       3 5
```

(1)

769÷32= ☐ … ☐

(2)

498÷13= ☐ … ☐

(3)

623÷24= ☐ … ☐

문제 2 세 자리 수를 두 자리 수로 나누는 나눗셈에서 몫이 두 자리 수인 나눗셈을 연습한다. 보기에서와 같이 두 자리 수를 두 자리 수로 나누는 나눗셈을 두 번 거듭하면 된다. 그리 어렵지 않은 나눗셈이다.

(4)

$870 \div 15 = \square \cdots \square$

(5)

$729 \div 46 = \square \cdots \square$

(6)

$765 \div 28 = \square \cdots \square$

(7)

$912 \div 57 = \square \cdots \square$

(8)

$512 \div 27 = \square \cdots \square$

(9)

$834 \div 69 = \square \cdots \square$

문제 3 | 보기와 같이 나눗셈을 하시오.

보기

$2597 \div 46 = \boxed{56} \cdots \boxed{21}$

$$\begin{array}{r} 56 \\ 46 \overline{)2597} \\ 230 \\ \hline 297 \\ 276 \\ \hline 21 \end{array}$$

(1)

$1245 \div 32 = \square \cdots \square$

문제 3 네 자리 수를 두 자리 수로 나누는 나눗셈이지만 앞의 문제와 다르지 않다. 나뉘어지는 수가 네 자리 수라는 점만 다르다.

(2)

$1076 \div 28 = \square \cdots \square$

(3)

$2397 \div 47 = \square \cdots \square$

(4)

$4485 \div 63 = \square \cdots \square$

(5)

$6137 \div 95 = \square \cdots \square$

(6) $1074 \div 13 = \square \cdots \square$

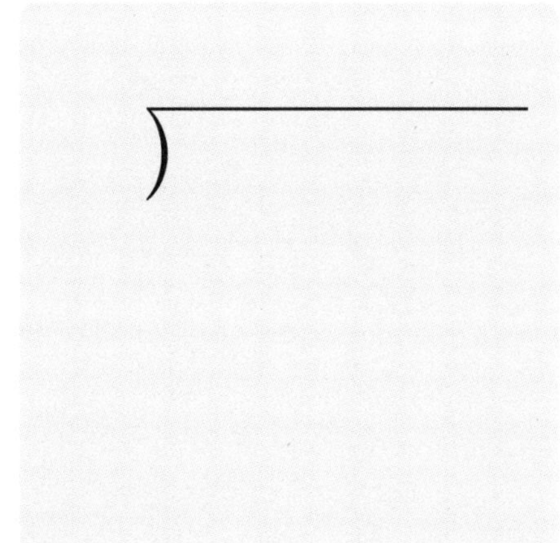

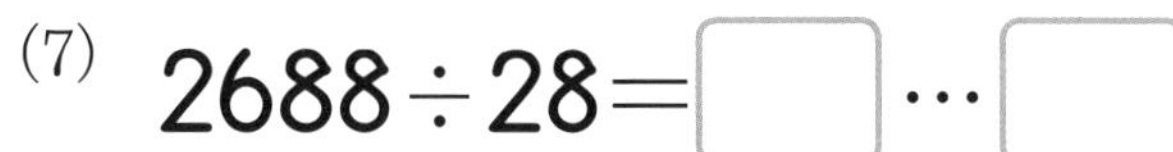

(7) $2688 \div 28 = \square \cdots \square$

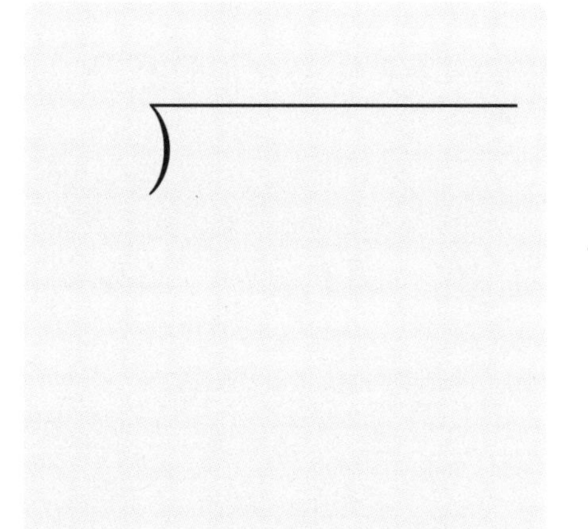

(8) $1134 \div 14 = \square \cdots \square$

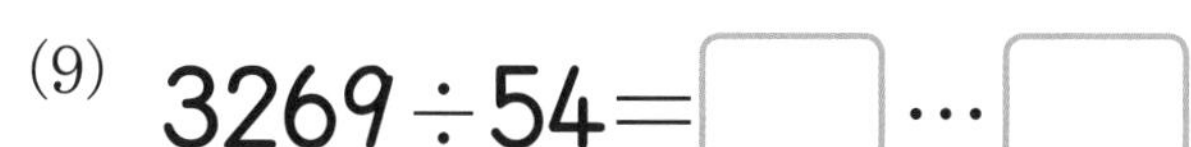

(9) $3269 \div 54 = \square \cdots \square$

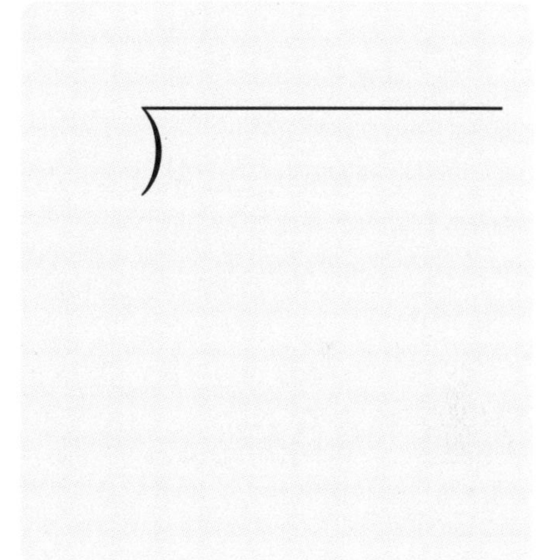

(10) $5178 \div 64 = \square \cdots \square$

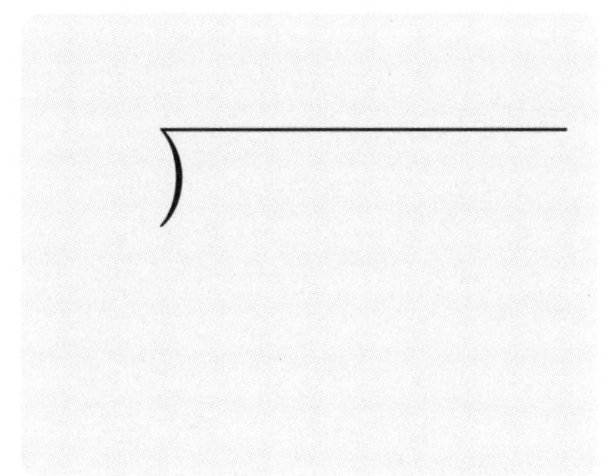

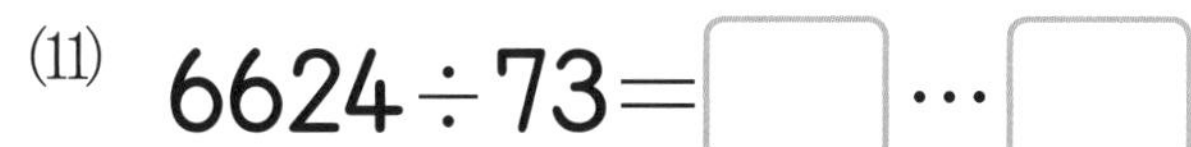

(11) $6624 \div 73 = \square \cdots \square$

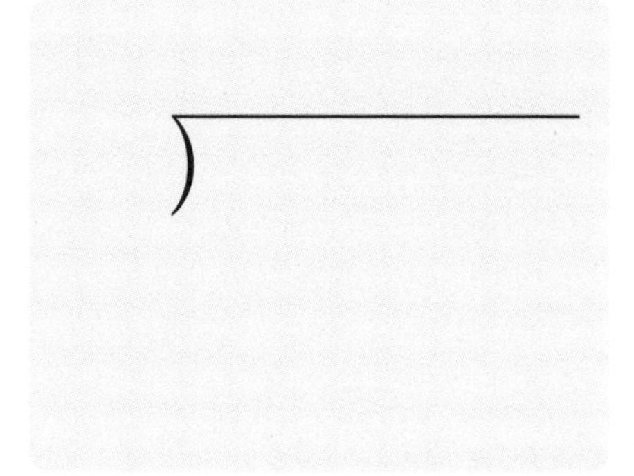

8 일차 큰 수의 나눗셈 (2)

공부한 날짜 월 일

문제 1 | 나눗셈을 하시오.

(1)

$739 \div 46 = \square \cdots \square$

(2)

$765 \div 28 = \square \cdots \square$

(3)

$723 \div 46 = \square \cdots \square$

(4)

$824 \div 23 = \square \cdots \square$

문제 1 세 자리 수를 두 자리 수로 나누는 나눗셈에서 몫이 두 자리 수인 나눗셈을 복습한다.

(5)

$6137 \div 95 = \square \cdots \square$

(6)

$1074 \div 13 = \square \cdots \square$

(7)

$2688 \div 28 = \square \cdots \square$

(8)

$3269 \div 54 = \square \cdots \square$

(9)

$5402 \div 77 = \square \cdots \square$

(10)

$7740 \div 86 = \square \cdots \square$

문제 2 | 보기와 같이 나눗셈을 하시오.

보기

$3486 \div 14 = \boxed{249} \cdots \boxed{0}$

```
       2 4 9
   ┌────────
14 ) 3 4 8 6
     2 8
   ─────────
       6 8
       5 6
   ─────────
       1 2 6
       1 2 6
   ─────────
           0
```

(1)

$5617 \div 13 = \square \cdots \square$

문제 2 네 자리 수를 두 자리 수로 나누는 나눗셈에서 몫이 세 자리 수인 나눗셈을 연습한다. 보기에서와 같이 먼저 두 자리 수를 두 자리 수로 나누는 나눗셈에서 시작한다. 그리 어렵지 않은 나눗셈이다.

(2)

$3982 \div 26 = \square \cdots \square$

(3)

$4028 \div 19 = \square \cdots \square$

(4)

$9025 \div 25 = \square \cdots \square$

(5)

$9486 \div 62 = \square \cdots \square$

(6)

$7915 \div 48 =$ □ … □

(7)

$8646 \div 37 =$ □ … □

문제 3 | 보기와 같이 나눗셈을 하시오.

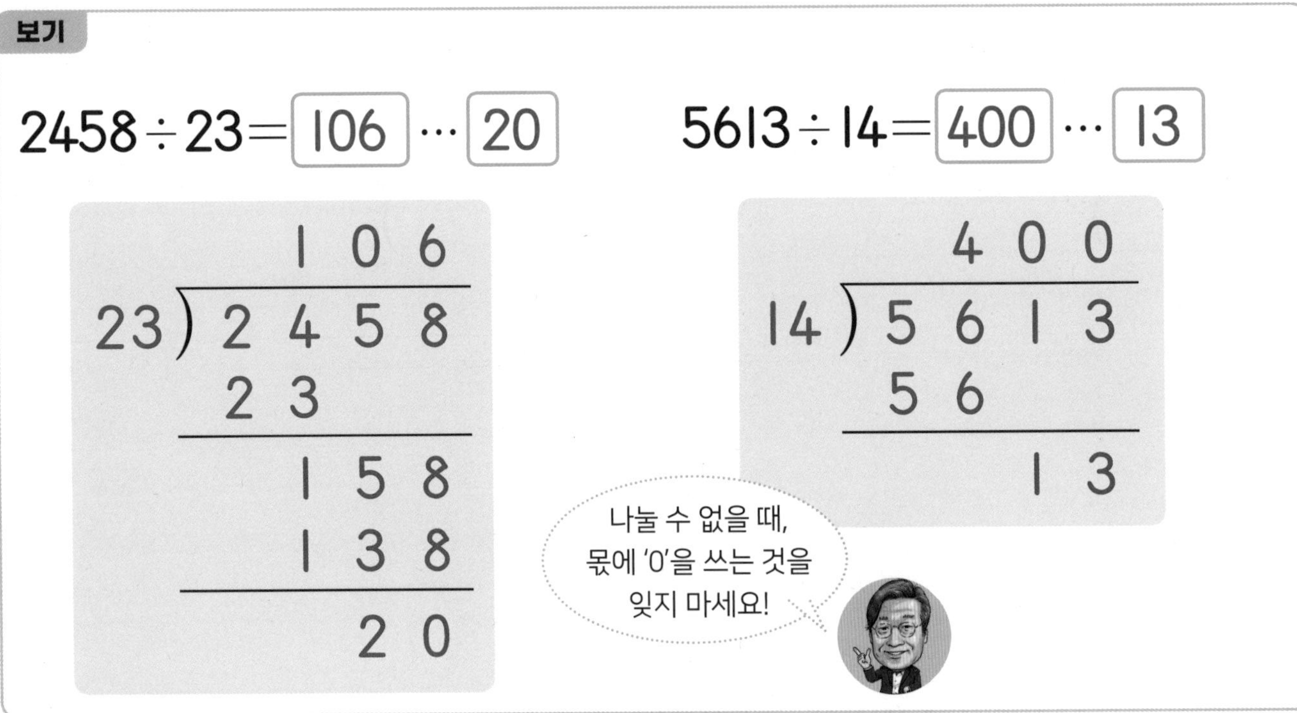

문제 3 네 자리 수를 두 자리 수로 나누는 나눗셈으로, 몫이 세 자리 수이고 0이 들어 있는 나눗셈을 연습한다.

(1)

$1839 \div 17 = \square \cdots \square$

(2)

$6937 \div 68 = \square \cdots \square$

(3)

$9225 \div 45 = \square \cdots \square$

(4)

$7642 \div 38 = \square \cdots \square$

(5)

$7531 \div 15 = \square \cdots \square$

(6)

$4615 \div 23 = \square \cdots \square$

(7)

$7923 \div 79 = \square \cdots \square$

(8)

$7800 \div 26 = \square \cdots \square$

9일차 몫이 같은 나눗셈

공부한 날짜 월 일

문제 1 | 보기를 보고 빈칸에 알맞은 수를 쓰시오.

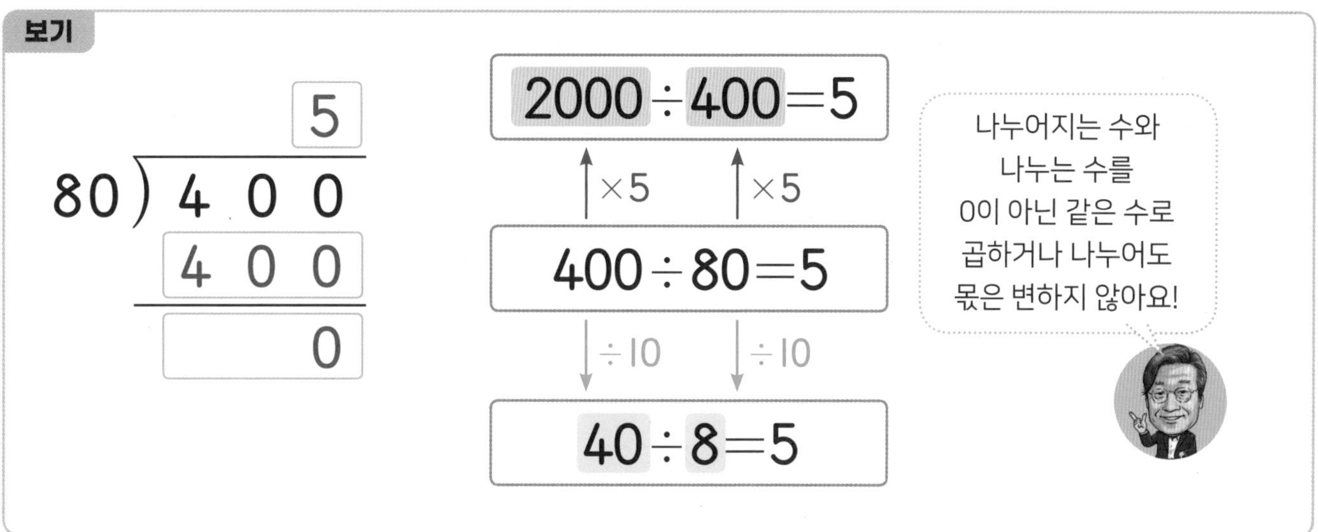

(1)

200)400

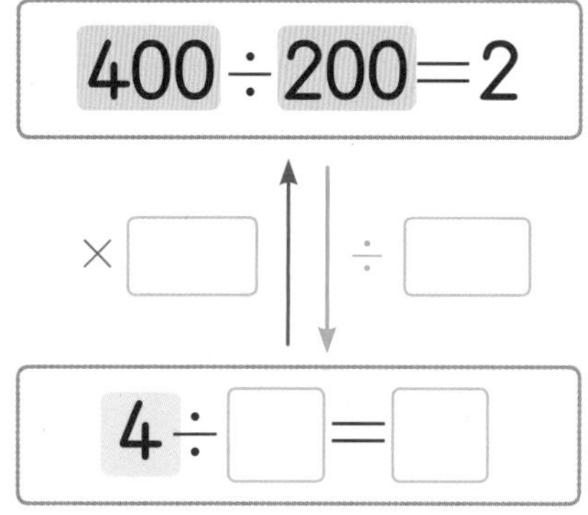

(2)

300)1200

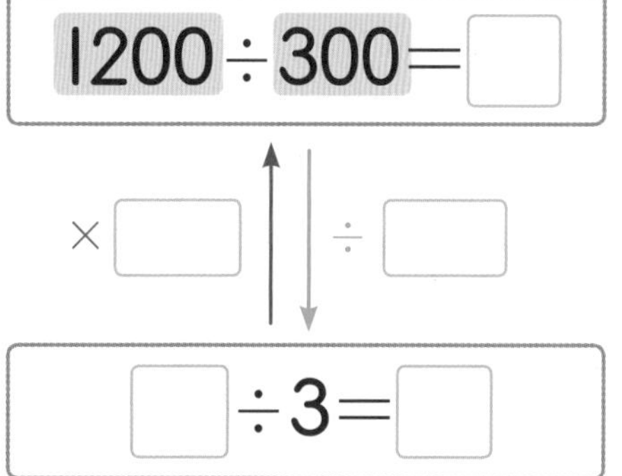

문제 1 몇백이나 몇천 또는 몇천 몇백을, 몇십 또는 몇백 몇십으로 나눌 때 0의 변화에 따른 패턴을 익힌다. 이는 피제수와 제수에 0이 아닌 같은 수를 곱하거나 나누어도 나눗셈의 값이 변하지 않는 성질을 파악한다.

(3)

$$120\overline{)\,360\,}$$

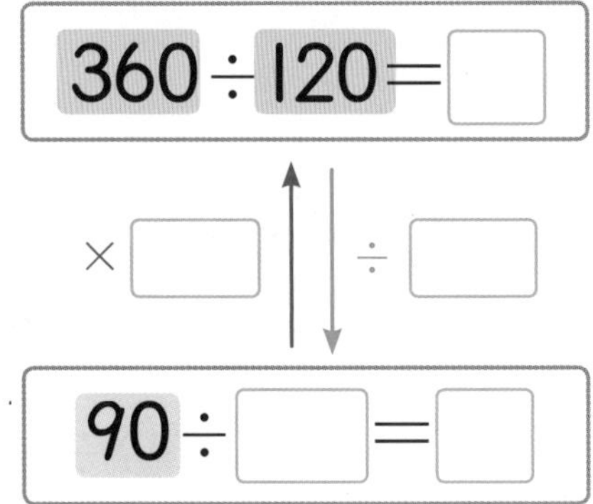

(4)

$$140\overline{)\,2800\,}$$

2800 ÷ 140 = □

× □ ÷ □

□ ÷ 20 = □

(5)

$$80\overline{)\,4000\,}$$

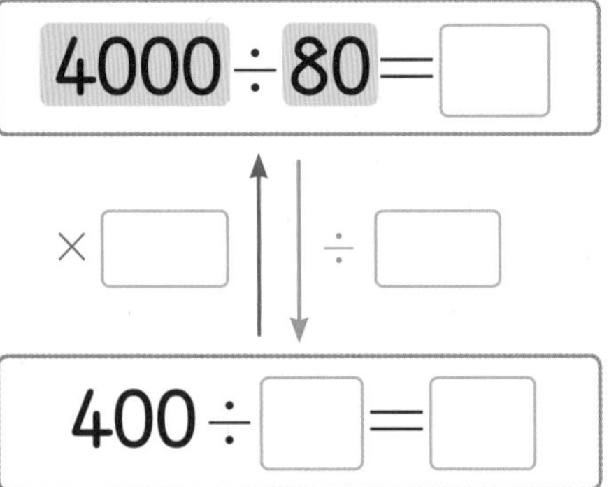

문제 2 | 보기와 같이 □ 안에 알맞는 수를 넣으시오.

보기

$800 \div \boxed{200} = \boxed{4}$

↑ $\times \boxed{4}$ ↑ $\times \boxed{4}$

$200 \div 50 = \boxed{4}$

↓ $\div \boxed{10}$ ↓ $\div \boxed{10}$

$\boxed{20} \div 5 = \boxed{4}$

(1)

$2000 \div \square = \square$

↑ $\times \square$ ↑ $\times \square$

$400 \div 80 = \square$

↓ $\div \square$ ↓ $\div \square$

$\square \div 8 = \square$

(2)

$\square \div 500 = \square$

↑ $\times \square$ ↑ $\times \square$

$100 \div 50 = \square$

↓ $\div \square$ ↓ $\div \square$

$20 \div \square = \square$

(3)

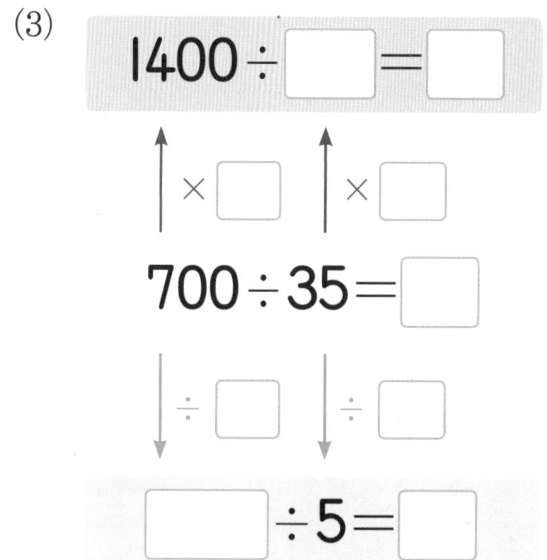

$1400 \div \square = \square$

↑ $\times \square$ ↑ $\times \square$

$700 \div 35 = \square$

↓ $\div \square$ ↓ $\div \square$

$\square \div 5 = \square$

문제 2 [문제 1]과 같다. 피제수와 제수에 0이 아닌 같은 수를 곱하거나 나누어도 나눗셈의 값이 변하지 않는 성질을 이해하고 적용한다.

(4)

$3000 \div \square = \square$

↑ $\times \square$ ↑ $\times \square$

$600 \div 12 = \square$

↓ $\div \square$ ↓ $\div \square$

$\square \div 2 = \square$

(5)

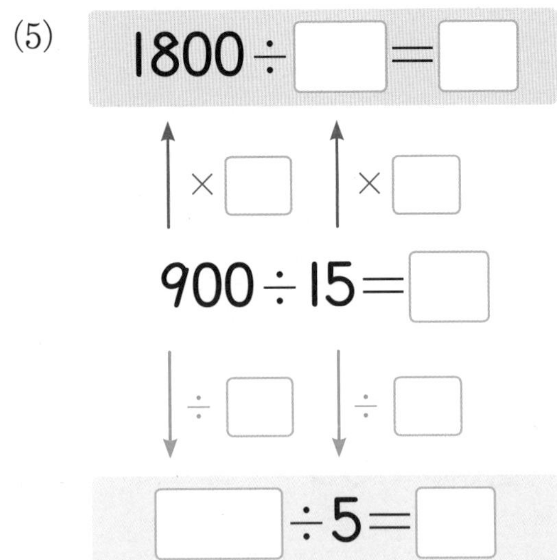

문제 3 | 보기와 같이 □ 안에 있는 나눗셈식과 몫이 같은 나눗셈식을 찾으시오.

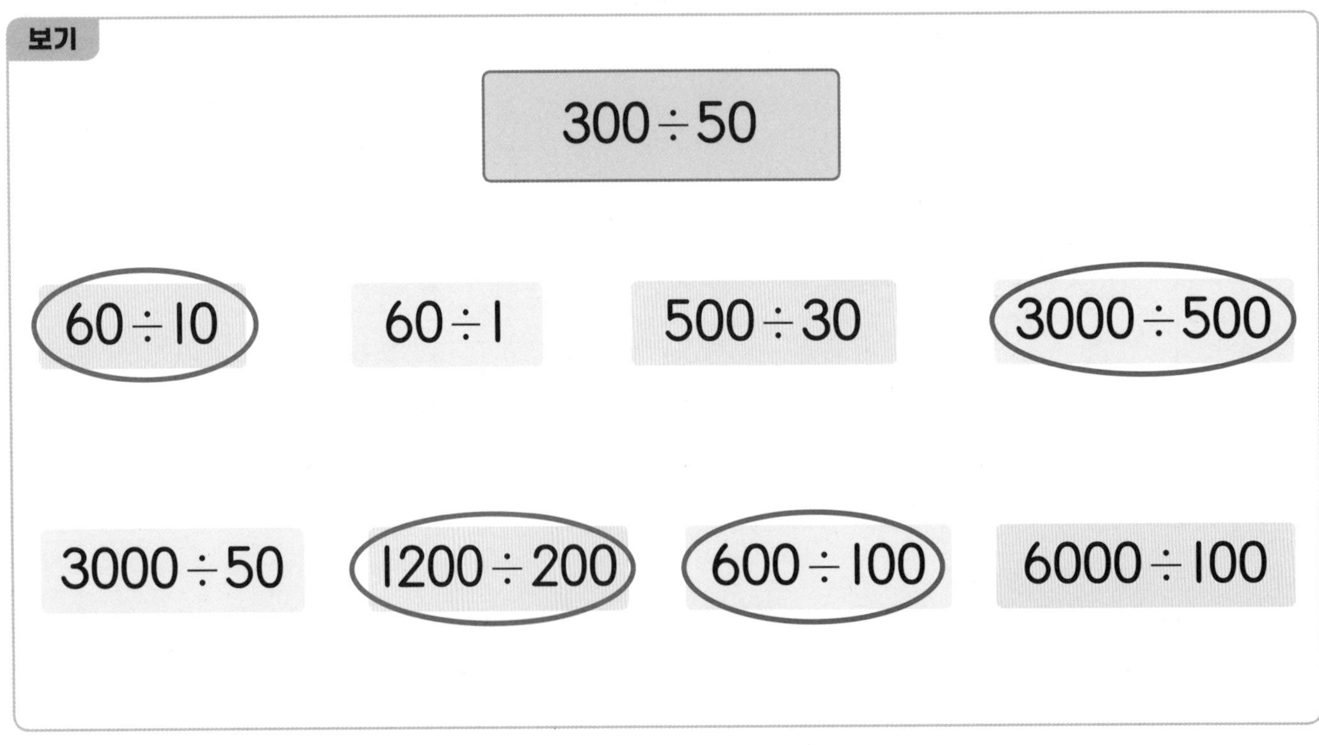

문제 3 [문제 1]과 [문제 2]에서 익힌 나눗셈의 성질을 적용하여 몫이 같은 나눗셈을 찾으며 초등학교 나눗셈을 마무리한다.

(1)

$240 \div 60$

$80 \div 20$ $2400 \div 600$ $480 \div 120$ $2400 \div 60$

$800 \div 20$ $2400 \div 6$ $24 \div 6$ $120 \div 300$

(2)

$720 \div 80$

$7200 \div 80$ $90 \div 10$ $360 \div 40$ $360 \div 4$

$7200 \div 800$ $900 \div 10$ $720 \div 8$ $900 \div 100$

(3)

$420 \div 140$

$4200 \div 140$ $210 \div 20$ $4200 \div 280$ $60 \div 20$

$4200 \div 1400$ $840 \div 280$ $42 \div 20$ $210 \div 70$

(4)

$5000 \div 250$

$50 \div 25$ $500 \div 25$ $40 \div 20$ $2000 \div 100$

$100 \div 5$ $500 \div 15$ $400 \div 20$ $20 \div 10$

자연수의 **혼합계산**

1 일차 덧셈과 뺄셈이 함께 있는 식

공부한 날짜 월 일

문제 1 | 보기와 같이 □ 에 알맞은 수를 쓰시오.

보기

버스 승객은 몇 명인가요?

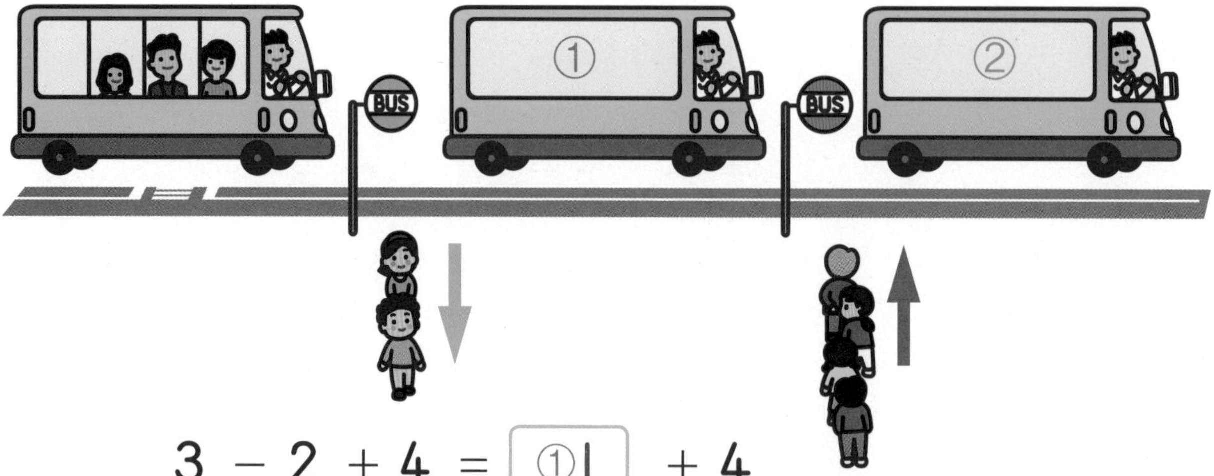

BUS BUS

① ②

3 − 2 + 4 = ①1 + 4

= ②5

① ②

왼쪽부터 차례로 계산합니다.

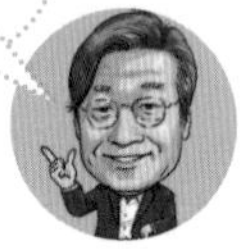

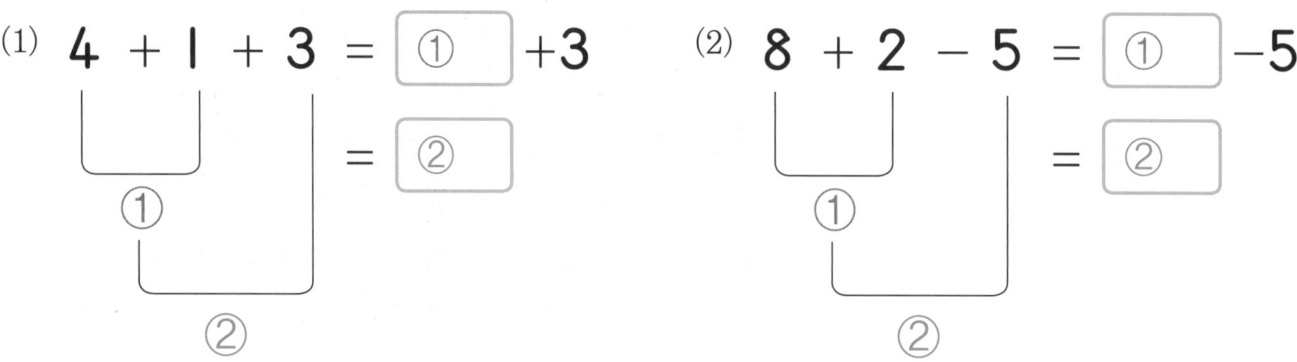

문제 1 보기에 정류장을 통과할 때마다 버스 승객의 수를 구하는 상황이 삽화로 제시되어 있다. 앞에서부터 차례로 덧셈 또는 뺄셈을 실행해야 하는 상황으로, 덧셈과 뺄셈이 함께 있는 식의 값은 왼쪽부터 차례로 계산하면 얻을 수 있음을 보여준다. 계산 순서도 단계별로 번호가 제시되어 있다. 차례로 네모 안의 값을 구하면서 왼쪽부터 계산하는 절차를 익힌다.

(3) $6 - 3 + 7 = \boxed{①} + 7$

$= \boxed{②}$

① ②

(4) $9 - 1 - 5 = \boxed{①} - 5$

$= \boxed{②}$

① ②

(5) $50 + 15 - 31 + 22 = \boxed{①} - 31 + 22$

$= \boxed{②} + 22$

$= \boxed{③}$

① ② ③

(6) $78 - 25 - 40 + 11 - 24 = \boxed{①} - 40 + 11 - 24$

$= \boxed{②} + 11 - 24$

$= \boxed{③} - 24$

$= \boxed{④}$

① ② ③ ④

문제 2 | 보기와 같이 빈칸에 알맞은 수를 쓰시오.

보기

남은 금액은 얼마인가요?

날짜	들어온 돈	나간 돈	남은 금액
4/8			500
4/9	3,000		①
4/10		1,000	②
4/12		1,500	③

500+3000−1000−1500= ①3500 −1000−1500

= ②2500 −1500

= ③1000

(①: 500+3000, ②: ①−1000, ③: ②−1500)

(1)

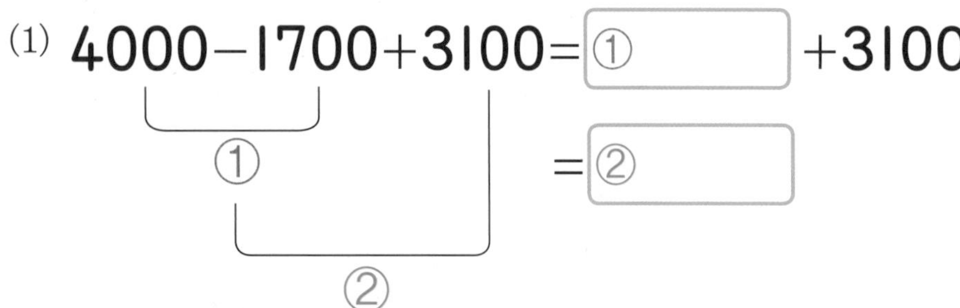

문제 2 [문제 1]과 같이 덧셈과 뺄셈이 함께 들어 있는 식의 값은 왼쪽부터 차례로 계산하면 얻을 수 있음을 파악한다. 통장의 입출금액이 변할 때마다 잔고(남은 금액)를 구하는 상황을 통해 계산 절차를 익힌다.

(2) $1200+2600-3000+400=$ ① $-3000+400$

$=$ ② $+400$

$=$ ③

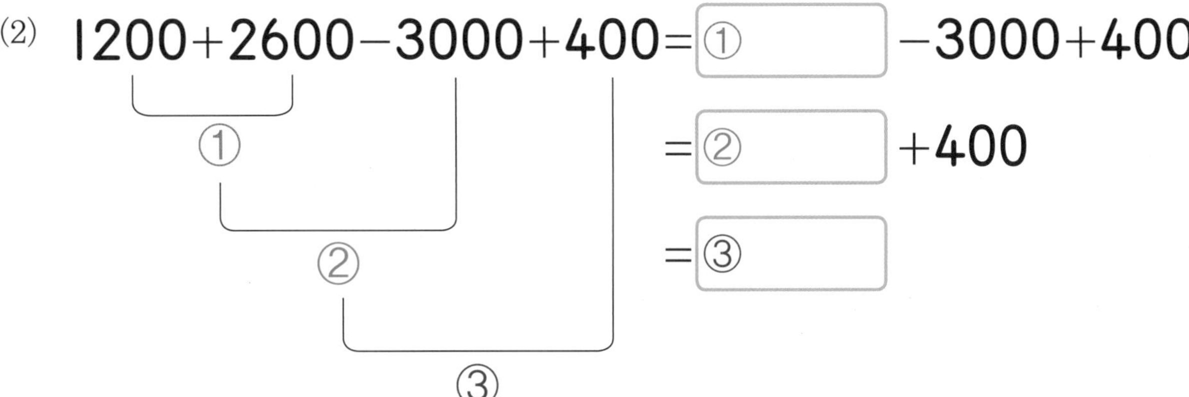

(3) $5943-617-2329+1758=$ ① $-2329+1758$

$=$ ② $+1758$

$=$ ③

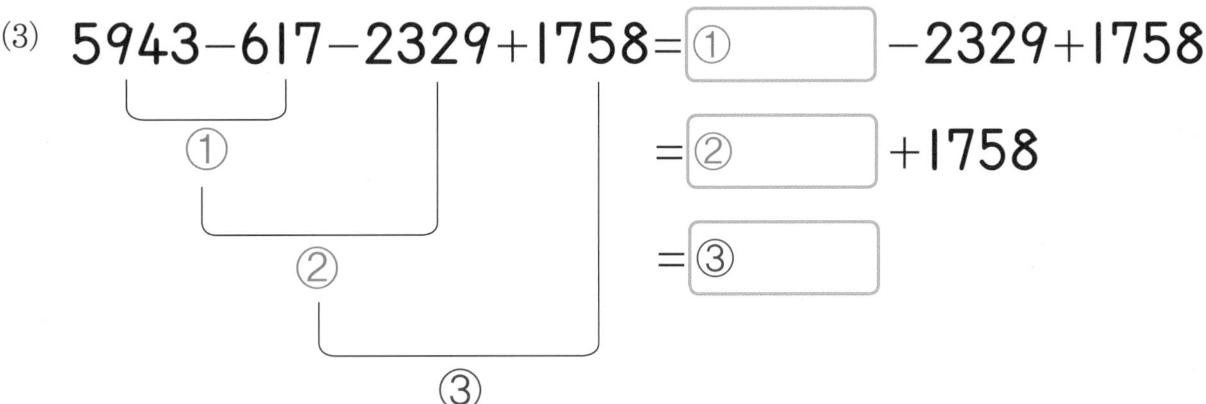

(4) $8317+284+425-1593-5441=$ ① $+425-1593-5441$

$=$ ② $-1593-5441$

$=$ ③ -5441

$=$ ④

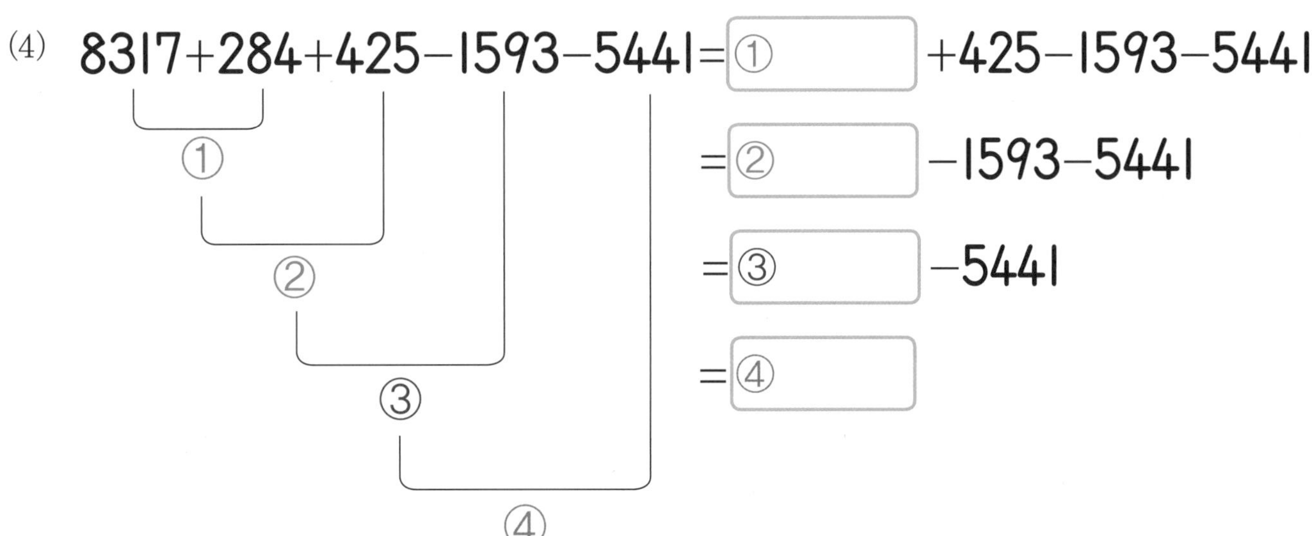

문제 3 | 보기와 같이 계산하시오.

보기

$$13-5+4=8+4$$
$$=12$$

(1) $19-6+12=$

(2) $42+8-17=$

(3) $80-19-25=$

(4) $203-6+42-57=$

(5) $274+49-16-28=$

문제 3 [문제 1]과 [문제 2]에서 익힌, 덧셈과 뺄셈이 함께 있는 식에서 왼쪽부터 차례로 계산하는 규칙을 연습한다. 이때 가장 중요한 것은 식의 값이 아니다. 좌변과 우변이 같음을 나타내는 등호에 주목하는 것이 핵심이다. 우변에서 계산에만 집착하여 나머지 식 쓰는 것을 빠뜨리지 않도록 해야 한다. 시간이 걸리더라도 완벽한 등식을 완성하도록 충분한 시간을 갖는 것이 중요하다.

(6) $1348-69-521+47=$

(7) $3591+138+225-46-274=$

(8) $5245-1308+82-313-1294=$

교사용 해설

드디어 자연수의 사칙연산을 마무리할 때가 되었다. 지금까지 덧셈, 뺄셈, 곱셈, 나눗셈의 계산 절차를 연산의 종류에 따라 각각 학습해왔다. 이제 '사칙연산이 함께 들어 있는 식의 계산 절차'를 학습함으로써 자연수 사칙연산의 대단원에 종점을 찍는다. 현행 교육과정에 따르면 5학년 때 배우지만, 4학년에서 곱셈과 나눗셈을 마무리하면서 곧이어 '사칙연산이 함께 들어 있는 식의 계산 절차'를 학습하는 것이 더 효율적이므로 『생각하는 초등연산』 8권에 담았다.

자연수의 혼합계산에서 가장 중요한 것은 사칙연산이 함께 들어 있을 때의 계산 절차다. 이를 요약 정리하면 다음과 같다.

1) 덧셈과 뺄셈이 함께 있을 때, 왼쪽부터 차례로 계산한다.

2) 덧셈과 뺄셈이 괄호와 함께 있을 때, 괄호 안부터 계산하고 나서 왼쪽부터 차례로 계산한다.

3) 곱셈과 나눗셈이 함께 있을 때, 왼쪽부터 차례로 계산한다.

4) 곱셈과 나눗셈이 괄호와 함께 있을 때, 괄호 안부터 계산하고 나서 왼쪽부터 차례로 계산한다.

5) 덧셈, 뺄셈, 곱셈, 나눗셈이 함께 있을 때는 곱셈과 나눗셈을 먼저 계산한다.

6) 덧셈, 뺄셈, 곱셈, 나눗셈이 괄호와 함께 있을 때는 괄호 안부터 계산하고 나서 왼쪽부터 차례로 계산한다.

위의 규칙에서 가장 강력한 힘을 발휘하는 것이 괄호임을 알 수 있다. 괄호 안의 식은 그것이 어떤 연산이든 가장 먼저 실행해야만 한다. 물론 괄호 안에 여러 연산이 있다면 곱셈과 나눗셈이 우선이고, 괄호 종류가 여러 개 있을 때는 소괄호부터 중괄호, 대괄호의 순서대로 계산해야 한다. 물론 초등학교에서 중괄호와 대괄호를 다루는 경우는 거의 없지만.

어쨌든 자연수의 혼합계산은 이러한 규칙을 익히는 데 초점을 둔다. 『생각하는 초등연산』에서는 더 나아가 가장 중요한 수학적 사실을 강조하는데, 바로 등호 개념이다.

등호는 덧셈식과 뺄셈식을 처음 배우는 1학년 1학기에 도입된다. 하지만 아이들에게 '생각하는 연산'이 아니라 기계적인 계산 훈련을 과도하게 강요하면, 등호를 '양변이 같음'이 아니라 '…는 얼마인가?'라는 계산의 답을 구하는 기호로 잘못 받아들이는 현상이 나타난다. 즉, 등호가 계산 과정을 이어가는 기호라는 오개념을 낳는다는 것이다. 이렇게 형성된 오개념의 결과를 혼합계산에서 목격하게 되는데, 다음과 같은 풀이가 하나의 사례다.

×

$$
\begin{aligned}
12+7-5+3-2 &= 19-5 \\
&= 14+3 \\
&= 17-2 \\
&= 15
\end{aligned}
$$

⬇

$$
\begin{aligned}
12+7-5+3-2&=19-5+3-2\\
&=14+3-2\\
&=17-2\\
&=15
\end{aligned}
$$

○

위의 두 계산식이 결과는 같지만, 앞의 풀이는 좌변과 우변이 같음을 나타내는 등호를 잘못 이해하고 있음을 볼 수 있다. 초등학교 수학에서 이를 바로 잡지 않은 탓에 종종 고등학생의 수학문제 풀이에서도 이와 같은 오류가 나타나기도 한다.

『생각하는 초등연산』에서는 1학년 1학기에 처음 등호를 도입하며 좌변과 우변이 같음을 나타내는 기호의 중요성을 강조하며 다음과 같은 문제를 제시한 바 있다.

문제 **보기와 같이 □ 안에 알맞은 수와 기호를 넣으시오.**

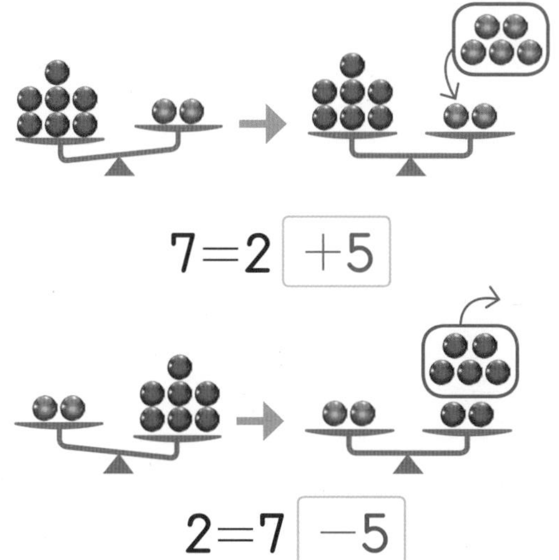

이때 양팔 저울은 등호가 좌변과 우변이 같음을 나타내는 기호라는 상징이다. 그리고 아래 덧셈식에서 값을 좌변에 제시하고, 우변이 좌변과 같은 값이 되도록 알맞은 수를 네모 안에 넣도록 하여 자연스럽게 등호 개념을 익히도록 했다.

『생각하는 초등연산』에서는 처음 연산을 시작할 때 등호 개념을 강조했듯, 자연수의 연산을 마무리하는 마지막 혼합계산에서도 등호 개념을 강조한다. 이를 위해 다음과 같이 연산식의 답만 네모 안에 채우는 것이 아니라 풀이 과정 전체를 완성하는 문제를 제시한 것이다.

$$
\begin{aligned}
1348-69-521+47&=1279-521+47\\
&=758+47\\
&=805
\end{aligned}
$$

간혹 계산의 답을 구하는 것만 중시하여 완벽한 등식 쓰기를 간과하는 경우가 있다. 하지만 이는 문장을 쓸 때 명사만 제시하는 것과 다르지 않다. 서술어와 함께 문장부호까지, 하나의 완벽한 문장을 쓰는 연습이 훗날 글쓰기의 토대가 되듯이, 등호와 함께 완성된 형식으로 수식을 쓰는 연습의 중요성은 아무리 강조해도 지나치지 않다. 이처럼 『생각하는 초등연산』은 등호에서 시작하여 등호로 마무리하며 자연수 사칙연산의 대단원의 막을 내린다.

2일차 덧셈과 뺄셈이 괄호와 함께 있는 식

공부한 날짜 월 일

문제 1 | 보기와 같이 계산하시오.

보기

$57+8-17=65-17$
$=48$

(1) $92-14+35=$

(2) $123-45+29-38=$

(3) $495+217+134-186-259=$

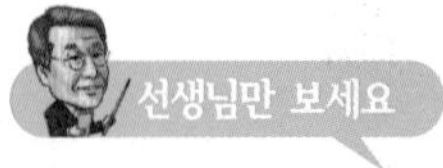

문제 1 덧셈과 뺄셈이 함께 있는 식의 계산에서 왼쪽부터 차례로 계산하는 규칙을 다시 복습한다. 앞에서도 강조했듯 등식이 되도록 우변의 식이 완벽한지 반드시 점검하기를 권한다.

문제 2 | 보기와 같이 빈칸에 알맞은 수를 쓰시오.

보기

1400원짜리 볼펜 1개와 600원짜리 지우개 1개를 사고
5000원을 내면 거스름돈은 얼마인가요?

(낸 돈) − (물건 가격) = (거스름돈)

① 1400 600

②

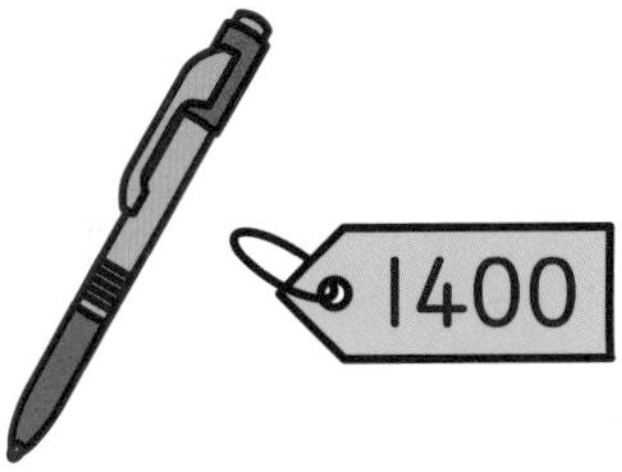

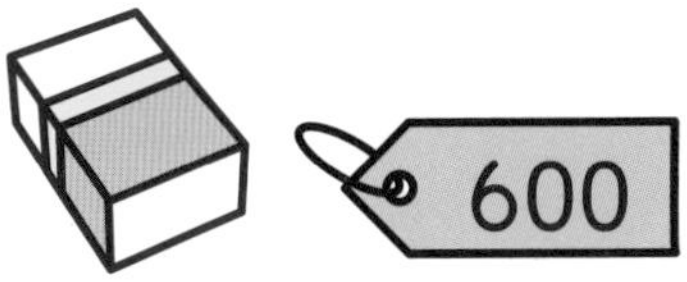

5000−(1400+600)=5000− ①2000

낸 돈

① 물건 가격

= ②3000

② 거스름돈

( ) 안을 먼저 계산합니다.

(1) 1500−(160+540)=1500− ①

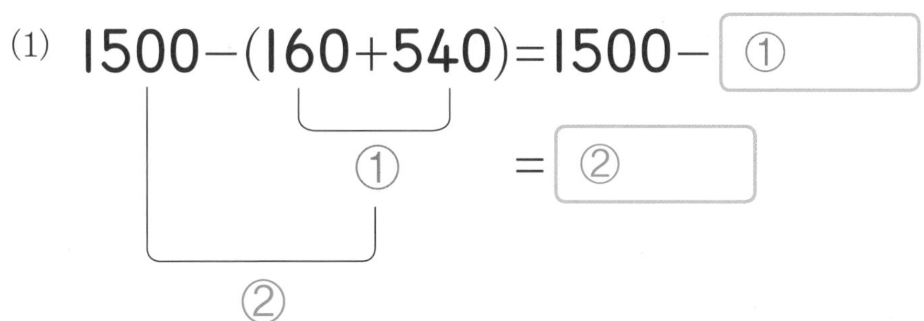

문제 2 볼펜과 지우개를 구입한 금액을 지불할 때 거스름돈을 구하는 상황을 식으로 나타내는 과정에서 괄호가 필요함을 인식한다. 아울러 괄호부터 먼저 계산해야 하는 규칙도 파악하는 문제다.

(2) $482-(117+45)-9=482-$ ① -9

$=$ ② -9

$=$ ③

(3) $376-(19+7+35)+25=376-$ ① $+25$

$=$ ② $+25$

$=$ ③

(4) $179-(13+7+15)-124=179-$ ① -24

$=$ ② -24

$=$ ③

문제 3 | 보기와 같이 빈칸에 알맞은 수를 쓰시오.

보기

500원짜리 연필과 800원짜리 지우개를 샀는데 100원을 할인받았어요.
2000원을 내면 거스름돈은 얼마인가요?

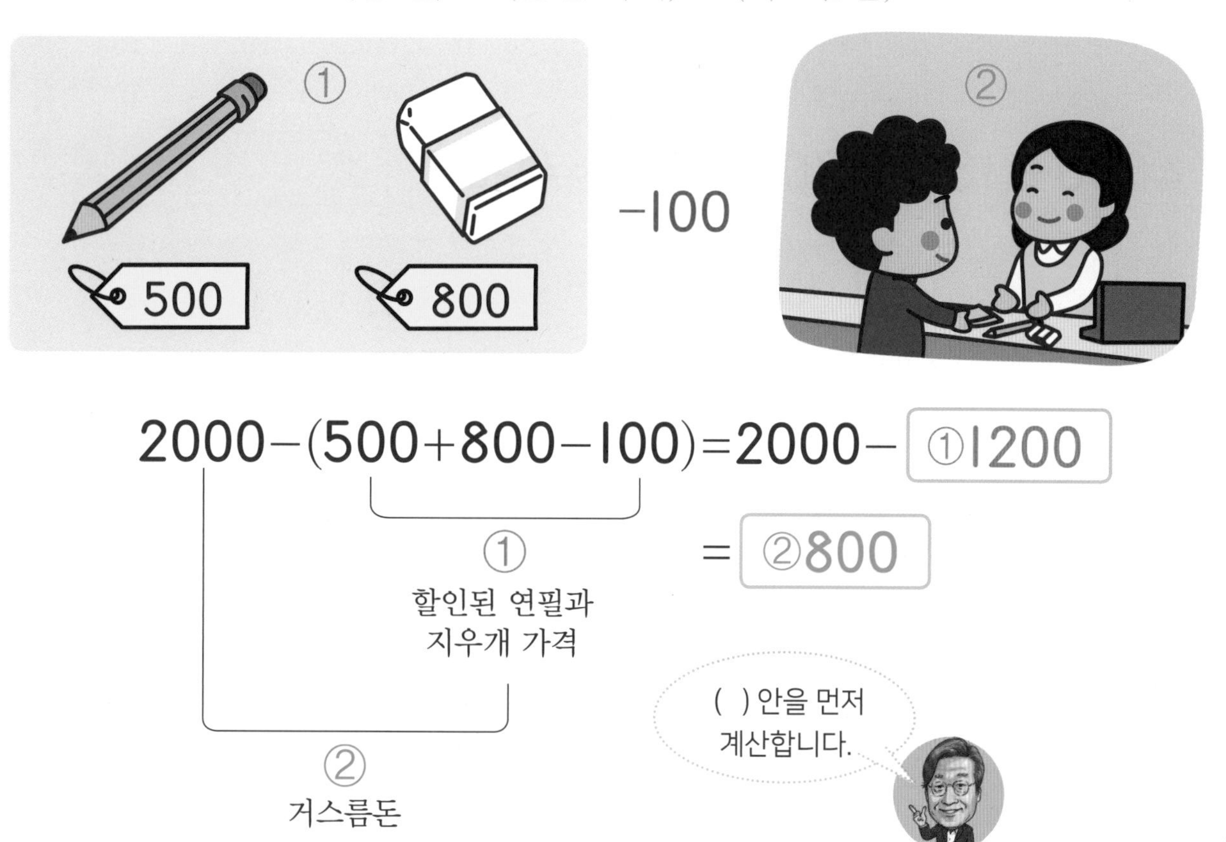

(1) 15−(9−3+4)=15− ①☐

= ②☐

①: 9−3+4 / ②: 15−①

문제 3 [문제 2]의 경우 괄호 안이 덧셈이었다면, 이 문제의 상황은 괄호 안이 뺄셈이라는 것만 다르다. 역시 거스름돈을 구하는 식에서 괄호가 필요하고 이때 괄호부터 먼저 계산해야 하는 규칙을 파악한다.

(2) $8+(6+2-7+4)=8+$ ①

$=$ ②

(3) $4000-(1300+200+400)=4000-$ ①

$=$ ②

(4) $6000+(1900-500-300+200)=6000+$ ①

$=$ ②

문제 4 | 다음을 보기와 같이 계산하시오.

보기

$17-(3+6)=17-9$

$=8$

(1) $29-(12-8)=$

(2) $53+(4+27)=$

(3) $94+(45-31)=$

(4) $203-(67+8)-59=$

(5) $384+(52-17)-93=$

문제 4 [문제 2]와 [문제 3]에서 익힌 덧셈과 뺄셈의 계산에서 괄호와 함께 있을 경우 괄호부터 먼저 계산한 후, 왼쪽부터 차례로 계산한다는 규칙을 연습한다. 앞의 등식 쓰기 연습에서와 같이 시간이 걸리더라도 우변이 좌변과 같도록 답만 쓰는 습관에 젖지 않도록 주의해야 한다.

(6) $49-(18+23-7)+25=$

(7) $72+(31-15+29)-54=$

(8) $214+(243-8-76)+189=$

(9) $1375-(406+87-132)-94=$

문제 5 | 보기와 같이 두 식의 값을 비교하시오.

보기

$5-3+1=2+1$
$=3$

$5-(3+1)=5-4$
$=1$

그러므로 $5-3+1$ [≠] $5-(3+1)$

왼쪽 식과 오른쪽 식의 값이 같으면 등호 =로, 같지 않으면 기호 ≠로 나타내요!

(1) $8+4+7=$

$8+(4+7)=$

그러므로 $8+4+7$ [ ] $8+(4+7)$

(2) $16+9+21=$

$16+(9+21)=$

그러므로 $16+9+21$ [ ] $16+(9+21)$

문제 5 식의 계산에서 괄호의 위력을 실감하는 문제다. 먼저 괄호가 없는 식에서 덧셈과 뺄셈보다 나눗셈이 우선인 식의 값을 구한다. 이어서 배열된 숫자는 같지만 괄호가 있는 식의 값을 구한다. 이 계산 과정에서 괄호의 역할을 파악하며 동시에 등식이 성립하지 않음을 나타내는 새로운 기호 ≠도 익힌다.

(3) $12+7-4=$ $12+(7-4)=$

그러므로 $12+7-4 \square 12+(7-4)$

(4) $68+35-27=$ $68+(35-27)=$

그러므로 $68+35-27 \square 68+(35-27)$

(5) $15-9+2=$ $15-(9+2)=$

그러므로 $15-9+2 \square 15-(9+2)$

(6) $73-26+14=$ | $73-(26+14)=$

그러므로 $73-26+14$ ☐ $73-(26+14)$

(7) $13-6-2=$ | $13-(6-2)=$

그러므로 $13-6-2$ ☐ $13-(6-2)$

(8) $86-47-12=$ | $86-(47-12)=$

그러므로 $86-47-12$ ☐ $86-(47-12)$

3일차 곱셈과 나눗셈이 함께 있는 식

✎ 공부한 날짜 월 일

문제 1 | 보기와 같이 빈칸에 알맞은 수를 쓰시오.

보기

달걀은 모두 몇 개인가요?

(한 판에 들어 있는 달걀 수)×(달걀판 수)=(달걀 전체 개수)

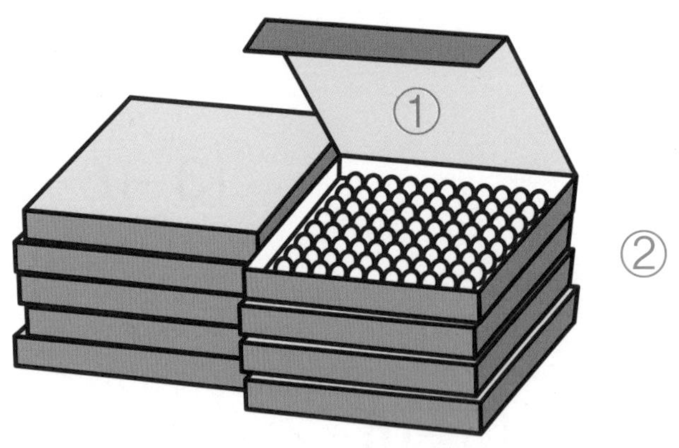

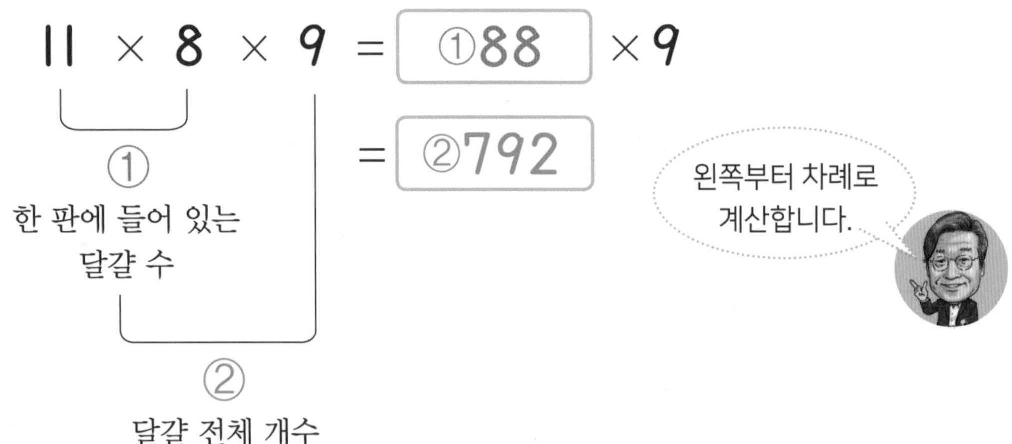

문제 1 달걀판 하나에 들어 있는 달걀 수를 곱셈으로 구하고 나서 달걀판 수를 다시 곱하는 상황을 곱셈식으로 나타낸다. 이 식의 값은 왼쪽부터 차례로 계산하여 얻을 수 있게끔 계산 순서가 단계별로 번호로 제시되어 있다. 차례로 네모 안의 값을 구하면서 왼쪽부터 계산하는 절차를 익힌다.

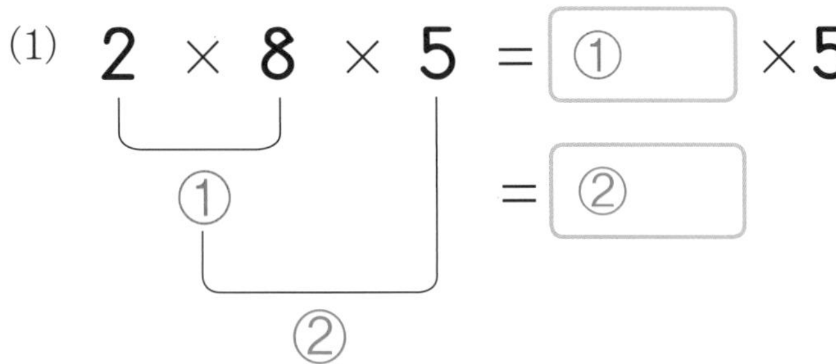

(2) $21 \times 3 \div 9 = $ ① $\div 9$

① = ②

②

(3) $12 \times 4 \times 6 = $ ① $\times 6$

① = ②

②

(4) $14 \times 7 \times 4 = $ ① $\times 4$

① = ②

②

문제 2 | 보기와 같이 빈칸에 알맞은 수를 쓰시오.

보기

120ml들이 컵에 각각 과일주스가 그림과 같이 담겨 있어요. 세 가지 주스를 섞어 만든 주스는 몇 ml입니까?

(컵 한 개에 담긴 주스 양)×(주스 종류의 수)=(섞어 만든 주스의 양)

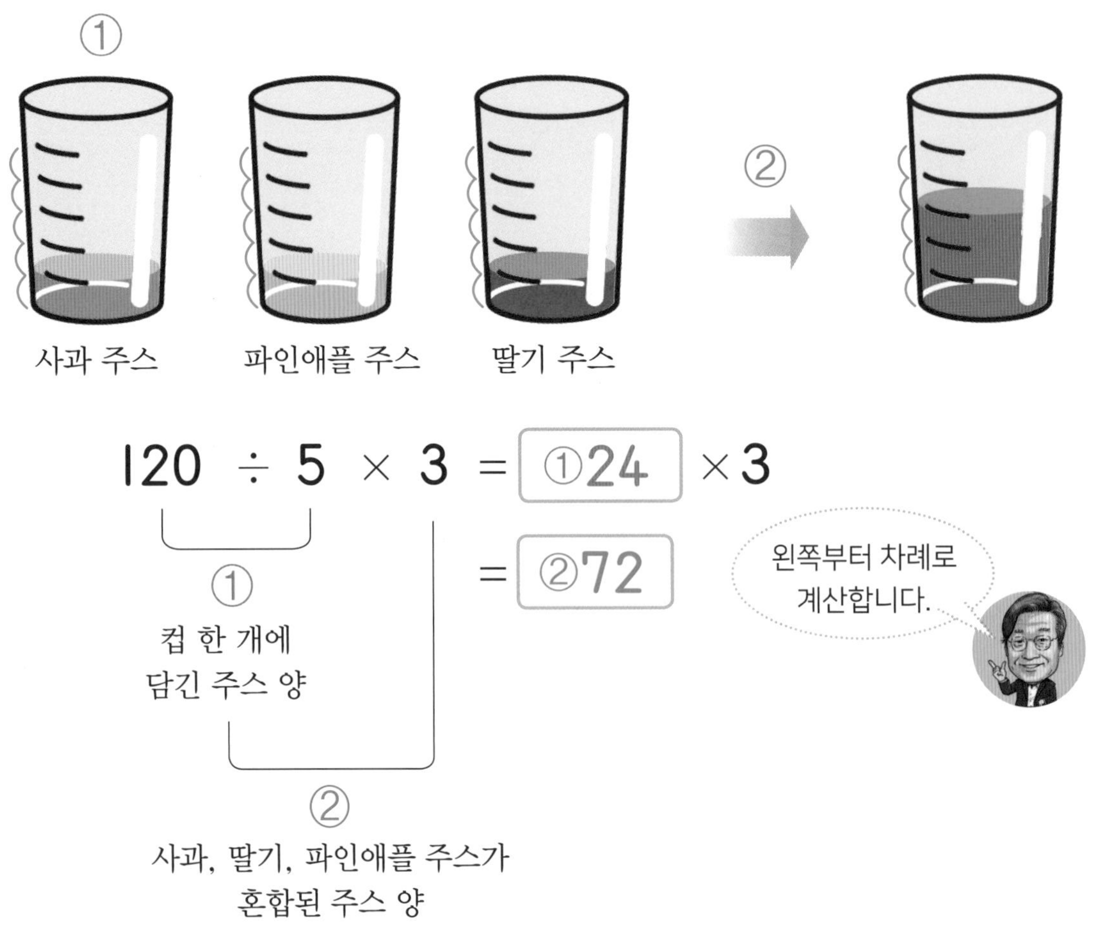

(1)

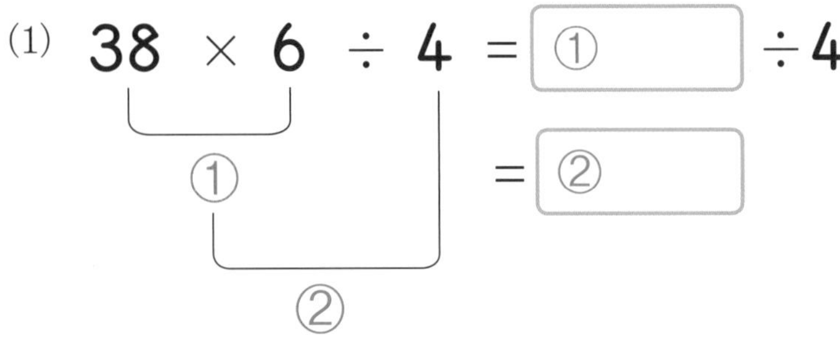

문제 2 하나의 컵에 들어 있는 주스의 양은 나눗셈으로 구한다. 똑같은 양이 3개 있으므로 곱셈으로 이어지는 문제다. 역시 왼쪽부터 차례로 계산하여 식의 값을 구할 수 있음을 익히는 활동이다.

(2) $87 \div 3 \times 5 = $ ① $\times 5$

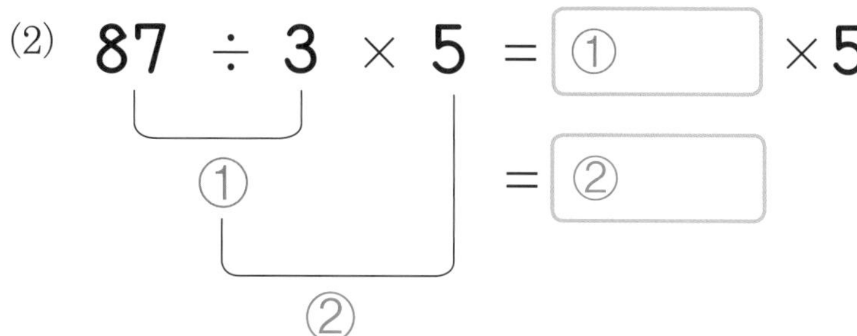

$=$ ②

(3) $192 \div 8 \times 7 \div 12 = $ ① $\times 7 \div 12$

$=$ ② $\div 12$

$=$ ③

(4) $75 \times 3 \div 15 \times 21 \div 9 = $ ① $\div 15 \times 21 \div 9$

$=$ ② $\times 21 \div 9$

$=$ ③ $\div 9$

$=$ ④

문제 3 | 다음을 보기와 같이 계산하시오.

보기

$$48 \div 3 \times 5 = 16 \times 5$$
$$= 80$$

(1) $9 \times 7 \times 8 =$

(2) $72 \times 5 \div 4 =$

(3) $84 \div 6 \times 17 =$

(4) $182 \times 3 \div 26 \times 7 =$

(5) $288 \div 12 \times 15 \div 8 =$

문제 3 [문제 1]과 [문제 2]에서 익힌 곱셈과 나눗셈이 함께 있는 식의 계산에서 왼쪽부터 차례로 계산하는 규칙을 연습한다. 이때 좌변과 우변이 같음을 나타내는 등호에 주목하는 것이 중요하다. 따라서 우변에서 계산에만 집착하여 나머지 식 쓰기를 빠뜨리지 않도록 해야 한다. 보기와 같이, 시간이 걸리더라도 완벽한 등식을 완성하도록 충분한 시간을 갖는 것이 중요하다.

(6) $34 \times 9 \div 17 \times 7 =$

(7) $294 \div 3 \times 8 \div 14 \times 15 =$

(8) $54 \div 3 \times 22 \div 4 \times 6 =$

(9) $57 \times 14 \div 38 \times 9 \div 7 =$

4 일차 곱셈과 나눗셈이 괄호와 함께 있는 식

✎ 공부한 날짜　　월　　일

문제 1 | 보기와 같이 계산하시오.

(1) $45 \times 8 \div 12 =$

(2) $84 \div 7 \times 19 =$

(3) $156 \div 13 \times 24 \div 16 =$

(4) $15 \times 32 \div 20 \times 17 \times 4 =$

문제 1 덧셈과 뺄셈이 함께 있는 식의 계산에서 왼쪽부터 차례로 계산하는 규칙을 다시 복습한다. 앞에서도 강조했듯 등식이 되도록 우변의 식이 완벽한지 반드시 점검하도록 권장한다.

문제 2 | 보기와 같이 빈칸에 알맞은 수를 쓰시오.

보기

테니스공 162개를 상자에 나누어 담으려면 상자가 몇 개 필요할까요?

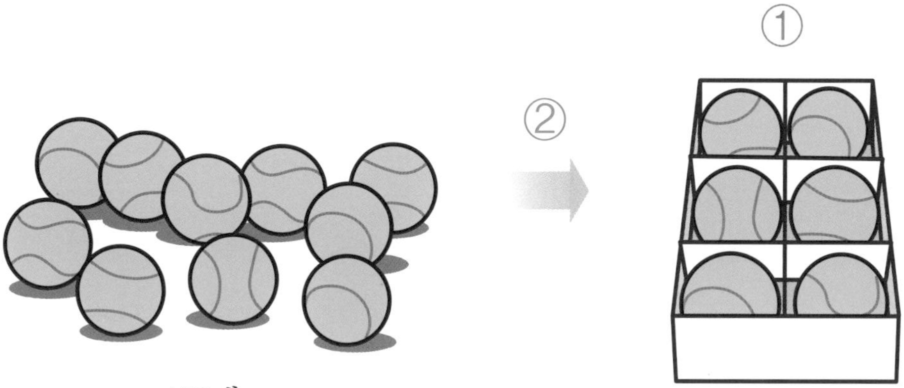

162개

①

②

162 ÷ (2 × 3) = 162 ÷ ①6

= ②27

테니스공의 전체 개수

① 한 상자에 들어갈 테니스공 개수

② 필요한 상자의 개수

괄호부터 먼저 계산해요.

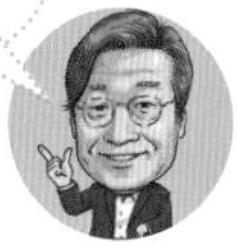

(1)

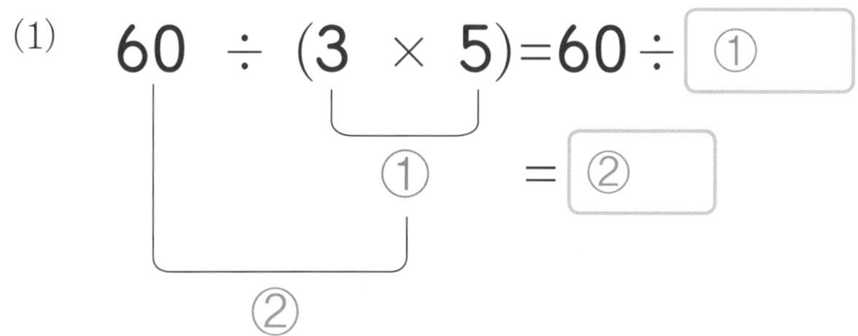

문제 2 테니스 공을 담는 데 필요한 상자 수를 구하는 문제 상황을 식으로 나타내는 과정에서 괄호가 필요함을 인식한다. 아울러 괄호부터 먼저 계산해야 하는 규칙도 파악한다.

(2) $28 \times (76 \div 4) = 28 \times$ ①

①

$=$ ②

②

(3) $546 \div (2 \times 13) \div 7 = 546 \div$ ① $\div 7$

①

$=$ ② $\div 7$

②

$=$ ③

③

(4) $34 \times (90 \div 5) \times 4 = 34 \times$ ① $\times 4$

①

$=$ ② $\times 4$

②

$=$ ③

③

(5) $810 \div (72 \times 5 \div 24) = 810 \div$ ①

$= $ ②

(①: $72 \times 5 \div 24$, ②: $810 \div$ ①)

(6) $76 \times (52 \div 13 \times 25) = 76 \times$ ①

$= $ ②

(①: $52 \div 13 \times 25$, ②: $76 \times$ ①)

(7) $22 \times (14 \times 27 \div 18) \div 6 = 22 \times$ ① $\div 6$

$= $ ② $\div 6$

$= $ ③

(①: $14 \times 27 \div 18$, ②: $22 \times$ ①, ③: ② $\div 6$)

(8) $605 \div (121 \div 11 \times 5) \times 37 = 605 \div$ ① $\times 37$

① $121 \div 11 \times 5$

② $605 \div$ ①

③ ② $\times 37$

$=$ ② $\times 37$

$=$ ③

문제 3 | 다음을 보기와 같이 계산하시오.

보기

$96 \div (4 \times 3) = 96 \div 12$

$= 8$

(1) $84 \div (2 \times 3) =$

(2) $25 \times (60 \div 15) =$

(3) $114 \div (38 \div 2) =$

문제 3 [문제 2]에서 괄호 안이 덧셈이었다면, 이 문제의 상황은 괄호 안이 뺄셈이라는 것만 다르다. 역시 거스름돈을 구하는 식에서 괄호가 필요하고 이때 괄호부터 먼저 계산해야 하는 규칙을 파악하는 문제다.

(4) $135 \times (92 \div 23) \div 6 =$

(5) $204 \div (17 \times 4) \times 35 =$

(6) $14 \times (24 \times 7 \div 12) =$

(7) $716 \div (158 \div 79 \times 2) =$

(8) $26 \times (111 \div 37 \times 8) \div 78 =$

(9) $375 \div (18 \times 25 \div 6) \times 49 =$

문제 4 | 보기와 같이 두 식의 값을 비교하시오.

보기

$7 \times 6 \div 3 = 42 \div 3$
$= 14$

$7 \times (6 \div 3) = 7 \times 2$
$= 14$

그러므로 $7 \times 6 \div 3$ [$=$] $7 \times (6 \div 3)$

$80 \div 5 \times 2 = 16 \times 2$
$= 32$

$80 \div (5 \times 2) = 80 \div 10$
$= 8$

그러므로 $80 \div 5 \times 2$ [$\neq$] $80 \div (5 \times 2)$

왼쪽 식의 결과와
오른쪽 식의 결과가 같지 않을 때
기호 $\neq$로 나타내요!

문제 4 [문제 2]와 [문제 3]에서 익힌 덧셈과 뺄셈이 괄호와 함께 있는 식의 계산에서 괄호부터 먼저 계산한 뒤 왼쪽부터 차례로 계산하는 규칙을 연습한다. 앞 차시와 마찬가지로 식의 값이 아니라 좌변과 우변이 같음을 나타내는 등호의 사용에 초점을 둔다.

(1)

$9 \times 6 \times 7 =$

$9 \times (6 \times 7) =$

그러므로 $9 \times 6 \times 7$ □ $(9 \times 6) \times 7$

(2)

$17 \times 18 \times 5 =$

$17 \times (18 \times 5) =$

그러므로 $17 \times 18 \times 5$ □ $17 \times (18 \times 5)$

(3)

$15 \times 24 \div 8 =$

$15 \times (24 \div 8) =$

그러므로 $15 \times 24 \div 8$ □ $15 \times (24 \div 8)$

(4)

$14 \times 65 \div 13 =$

$14 \times (65 \div 13) =$

그러므로 $14 \times 65 \div 13$ □ $14 \times (65 \div 13)$

(5)

$56 \div 4 \times 2 =$

$56 \div (4 \times 2) =$

그러므로 $56 \div 4 \times 2$ ☐ $56 \div (4 \times 2)$

(6)

$600 \div 4 \times 5 =$

$600 \div (4 \times 5) =$

그러므로 $600 \div 4 \times 5$ ☐ $600 \div (4 \times 5)$

(7)

$128 \div 8 \div 2 =$

$128 \div (8 \div 2) =$

그러므로 $128 \div 8 \div 2$ ☐ $128 \div (8 \div 2)$

(8)

$540 \div 54 \div 2 =$

$540 \div (54 \div 2) =$

그러므로 $540 \div 54 \div 2$ ☐ $540 \div (54 \div 2)$

5일차 세 자리 수 ÷ 두 자리 수 (2)

공부한 날짜 월 일

문제 1 | 보기와 같이 빈칸에 알맞은 수를 쓰시오.

보기

한 개에 700원짜리 연필을 4개 사고 3000원을 내면 거스름돈은 얼마인가요?

(지불한 금액)−(물건 가격)=(받을 금액)

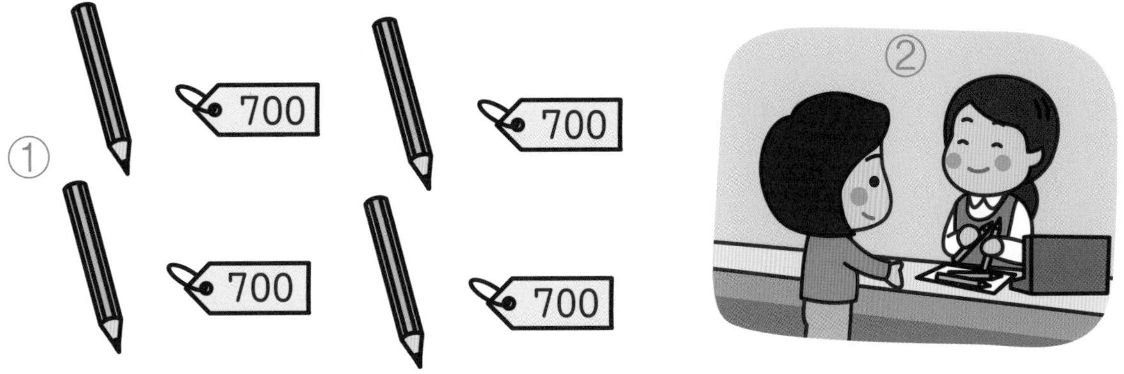

$3000 - 700 \times 4 = 3000 -$ ①2800

$=$ ②200

① 연필의 가격

② 거스름돈

700 × 4는
700 + 700 + 700 + 700와
같습니다. 곱셈은 괄호가 없어도
덧셈과 뺄셈보다 먼저 계산해요!

(1) $200 - 30 \times 5 = 200 -$ ①

$=$ ②

①

②

문제 1 같은 물건을 여러 개 구입한 금액을 지불할 때, 거스름돈 계산 과정을 식으로 나타내며 곱셈이 뺄셈보다 우선이라는 규칙을 파악한다.

(2) $160 + 27 \times 4 = 160 + \boxed{①}$

①: 27×4

②: $160 + ①$

$= \boxed{②}$

(3) $540 - 20 \times 19 + 37 = 540 - \boxed{①} + 37$

①: 20×19

②: $540 - ①$

③: $② + 37$

$= \boxed{②} + 37$

$= \boxed{③}$

(4) $386 + 45 \times 7 - 142 = 386 + \boxed{①} - 142$

①: 45×7

②: $386 + ①$

③: $② - 142$

$= \boxed{②} - 142$

$= \boxed{③}$

문제 2 | 보기와 같이 빈칸에 알맞은 수를 쓰시오.

보기

사탕과 초콜릿 값은 모두 얼마입니까?

① 300, 300, 300, 300, 300

② 400, 400

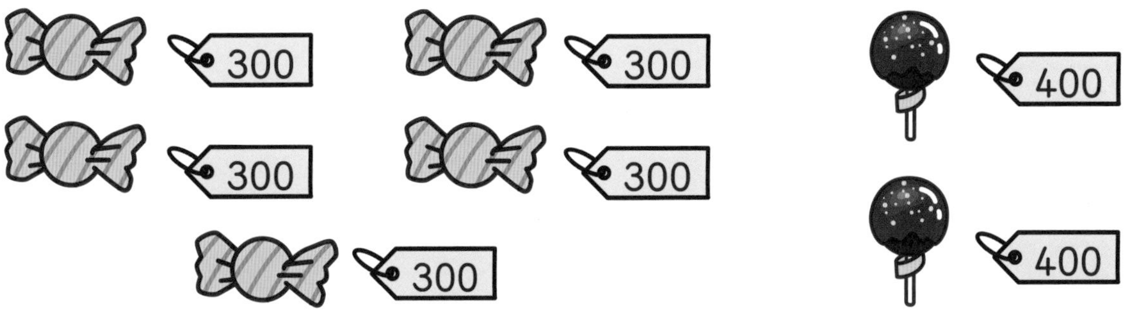

$300 \times 5 + 400 \times 2 =$ ① 1500 $+ 400 \times 2$

① 사탕의 가격 ② 초콜릿의 가격

$=$ ① 1500 $+$ ② 800

③ 사탕과 초콜렛의 가격

$=$ ③ 2300

왼쪽 곱셈부터 계산합니다.

(1) $800 \times 4 + 500 \times 9 =$ ① $\square$ $+ 500 \times 9$

$=$ ① $\square$ $+$ ② $\square$

$=$ ③ $\square$

문제 2 똑같은 사탕과 초콜릿을 여러 개 구입한 금액을 계산하는 식에서 곱셈이 덧셈보다 우선이라는 규칙을 파악한다.

(2) $700 \times 3 - 200 \times 6$ = ① [ ] -200×6

= ① [ ] − ② [ ]

= ③ [ ]

(①: 700×3, ②: 200×6, ③: ① − ②)

(3) $971 - 8 \times 13 \times 6$ = $971-$ ① [ ] $\times 6$

= $971-$ ② [ ]

= ③ [ ]

(①: 8×13, ②: ① × 6, ③: 971 − ②)

(4) $1000 - 14 \times 3 \times 19$ = $1000-$ ① [ ] $\times 19$

= $1000-$ ② [ ]

= ③ 202

(①: 14×3, ②: ① × 19, ③: 1000 − ②)

문제 3 | 다음을 보기와 같이 계산하시오.

보기

$$15+2\times7=15+14$$
$$=29$$

(1) $37-4\times8=$

(2) $29+3\times16=$

(3) $458-12\times17=$

(4) $173+45\times9-81=$

(5) $427-6\times32+25=$

문제 3 [문제 1]과 [문제 2]에서 익힌 덧셈, 뺄셈, 곱셈이 함께 있는 식의 계산에서 곱셈을 먼저 계산하는 규칙을 연습한다.

(6) $54 \times 3 + 27 \times 8 =$

(7) $39 \times 6 - 18 \times 9 =$

(8) $1700 + 12 \times 5 \times 23 =$

(9) $3941 - 6 \times 28 \times 7 =$

6일차 덧셈, 뺄셈, 곱셈이 괄호와 함께 있는 식

공부한 날짜 월 일

문제 1 | 다음을 보기와 같이 계산하시오.

보기

$$27+5\times19=27+95$$
$$=122$$

(1) $164-13\times8=$

(2) $195+24\times6-173=$

(3) $318-9\times27+85=$

문제 1 덧셈, 뺄셈, 곱셈이 함께 있는 식의 계산에서 곱셈을 먼저 계산하는 규칙을 다시 복습한다. 앞에서도 강조했듯 등식이 되도록 우변의 식이 완벽한지 반드시 점검하도록 권장한다.

문제 2 | 보기와 같이 빈칸에 알맞은 수를 쓰시오.

보기

1인분에 2000원인 떡볶이와 500원인 어묵을 각각 4인분씩 샀습니다.
모두 얼마인가요?

(떡볶이와 어묵의 1인분 가격)×(사람의 수)=(금액)

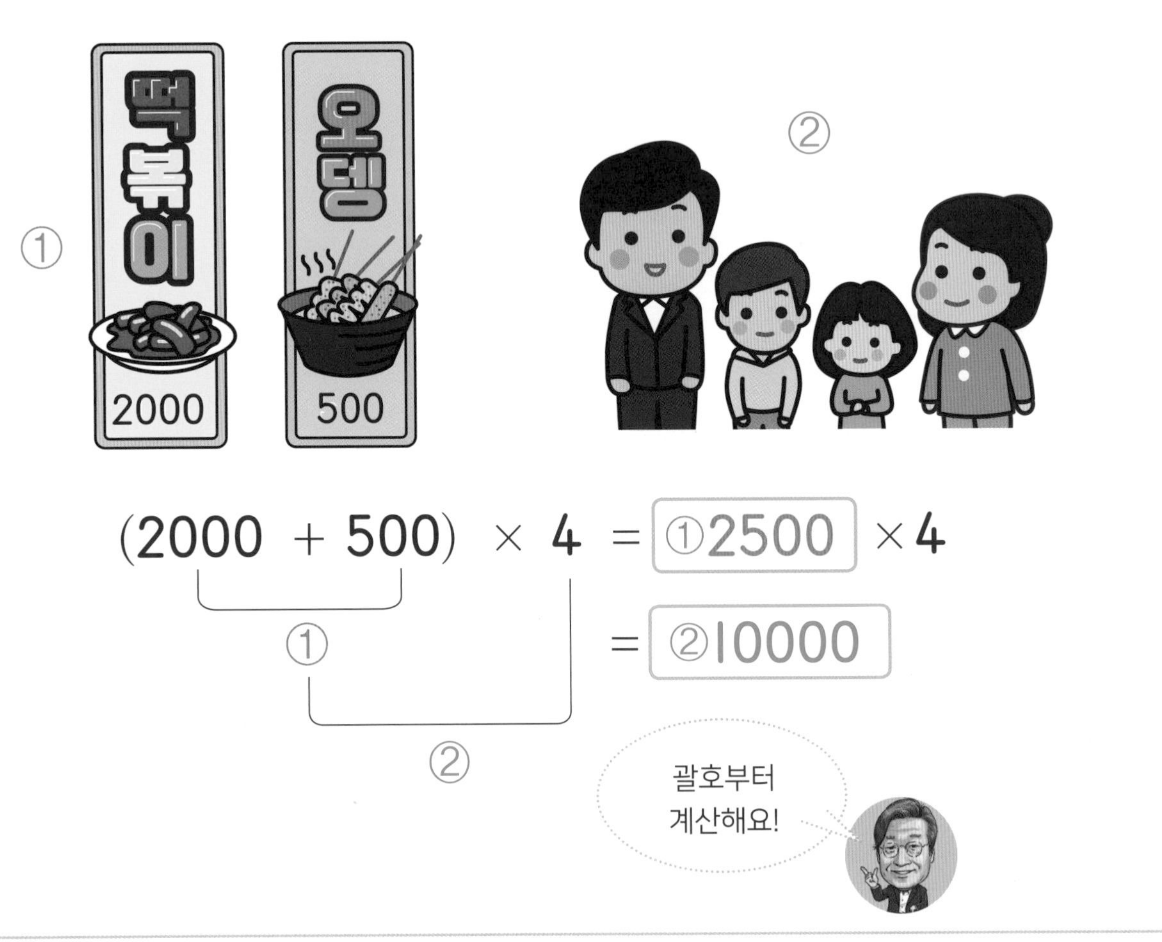

(1)

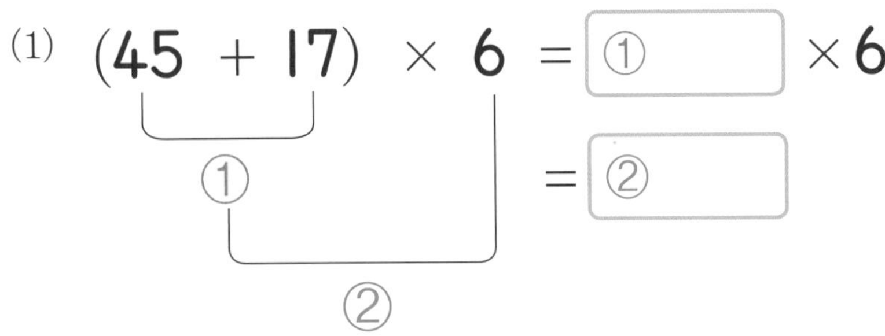

문제 2 떡볶이와 어묵을 4인분 구입한 금액이 얼마인지 구하는 상황을 식으로 나타내는 과정에서 괄호가 필요함을 인식한다. 아울러 괄호부터 먼저 계산해야 하는 규칙도 파악하는 문제다.

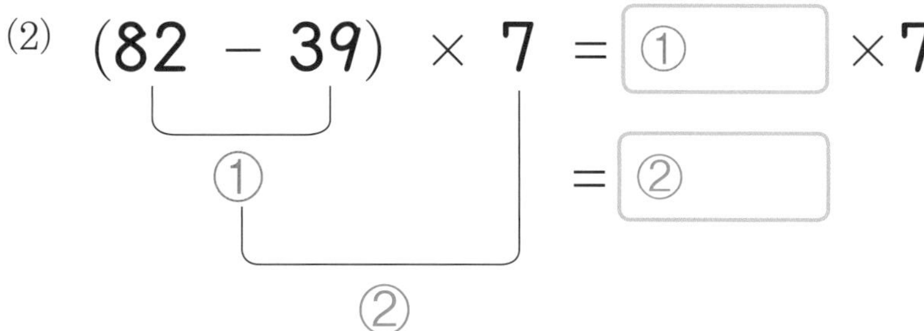

(2) $(82-39)\times 7=$ ① $\times 7$
$=$ ②

(3) $24\times(16+18)=24\times$ ①
$=$ ②

(4) $37\times(52-29)=37\times$ ①
$=$ ②

(5) $412-(29+16)\times 3=412-$ ① $\times 3$
$=412-$ ②
$=$ ③

(6) $539+(74-18)\times 6$ $=539+$ ① $\times 6$

$=539+$ ②

$=$ ③

① ② ③

문제 3 | 다음을 보기와 같이 계산하시오.

보기

$15\times(2+7)=15\times 9$

$=135$

(1) $23\times(14-8)=$

(2) $(9+13)\times 27=$

(3) $(32-16)\times 58=$

(4) $316-(17+9)\times 8=$

선생님만 보세요

문제 3 [문제 2]에서 익힌 덧셈, 뺄셈, 곱셈이 괄호와 함께 있는 식의 계산에서 괄호부터 먼저 계산하는 규칙을 연습한다.

(5) $247+(54-35)\times 9=$

문제 4 | 보기와 같이 두 식의 값을 비교하시오.

보기

$3+5\times 2=3+10$
$=13$

$(3+5)\times 2=8\times 2$
$=16$

그러므로 $3+5\times 2$ [≠] $(3+5)\times 2$

(1)

$9+5\times 7=$

$(9+5)\times 7=$

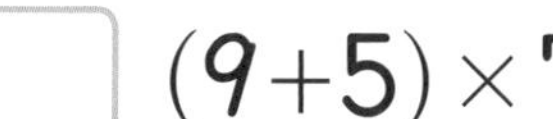
그러므로 $9+5\times 7$ [ ] $(9+5)\times 7$

문제 4 식의 계산에서 괄호의 위력을 실감하는 문제다. 먼저 괄호가 없는 식의 계산에서 덧셈과 뺄셈보다 곱셈이 우선인 식의 값을 구한다. 이어서 배열된 숫자가 같지만 괄호가 있는 식의 값을 구한다. 이 계산 과정에서 괄호의 역할을 파악하며 동시에 등식이 성립하지 않음을 나타내는 기호 ≠도 익힌다.

(2)

$6\times4+8=$

$6\times(4+8)=$

그러므로 $6\times4+8$ ☐ $6\times(4+8)$

(3)

$31-8\times3=$

$(31-8)\times3=$

그러므로 $31-8\times3$ ☐ $(31-8)\times3$

(4)

$45\times9-6=$

$45\times(9-6)=$

그러므로 $45\times9-6$ ☐ $45\times(9-6)$

(5)

$11+7\times5-24=$

$(11+7)\times5-24=$

그러므로 $11+7\times5-24$ □ $(11+7)\times5-24$

(6)

$16+2\times7-4=$

$16+2\times(7-4)=$

그러므로 $16+2\times7-4$ □ $16+2\times(7-4)$

7 일차 덧셈, 뺄셈, 나눗셈이 함께 있는 식

공부한 날짜 월 일

문제 1 | 보기와 같이 빈칸에 알맞은 수를 쓰시오.

보기

4800원짜리 케이크가 4조각으로 나눠져 있어요. 그중에서 한 조각을 사고 5000원을 내면 거스름돈으로 얼마를 받을까요?

(지불한 금액)−(케이크 한 조각의 가격)=(받을 금액)

① 

5000 − 4800 ÷ 4 = 5000 − ①1200

= ②3800

① 케이크 한 조각의 가격

② 거스름돈

나눗셈은 괄호가 없어도 덧셈과 뺄셈보다 먼저 계산해요.

문제 1 조각 케이크를 구입한 금액을 지불할 때 거스름돈 계산 과정을 식으로 나타내며 나눗셈이 뺄셈보다 우선이라는 규칙을 파악한다.

(1) $900 - 560 \div 8 = 900 - $ ① $\square$

① $560 \div 8$, ② $900 - $ ①

$=$ ② $\square$

(2) $870 + 450 \div 9 = 870 + $ ① $\square$

① $450 \div 9$, ② $870 + $ ①

$=$ ② $\square$

(3) $1000 - 720 \div 3 + 46 = 1000 - $ ① $\square$ $+46$

① $720 \div 3$, ② $1000 - $ ①, ③ ② $+ 46$

$=$ ② $\square$ $+46$

$=$ ③ $\square$

(4) $816 + 432 \div 12 - 179 = 816 + $ ① $\square$ -179

① $432 \div 12$, ② $816 + $ ①, ③ ② $- 179$

$=$ ② $\square$ -179

$=$ ③ $\square$

문제 2 | 보기와 같이 빈칸에 알맞은 수를 쓰시오.

보기

볼펜 한 자루는 연필 한 자루보다 얼마나 비쌉니까?

(볼펜 한 자루의 가격) − (연필 한 자루의 가격) = 볼펜과 연필의 가격 차이

① 2100원

② 1600원

$2100 \div 3 - 1600 \div 4$ = ①700 − 1600÷4

= ①700 − ②400

= ③300

① 볼펜 한 자루의 가격

② 연필 한 자루의 가격

③ 볼펜 한 자루와 연필 한 자루의 가격 차이

뺄셈보다 나눗셈을 먼저 계산해요.

문제 2 묶음으로 파는 볼펜세트와 연필세트의 각각 한 자루당 금액을 계산해 비교하는 식에서 나눗셈이 뺄셈보다 우선이라는 규칙을 파악한다.

(1) $4200 \div 7 - 1800 \div 6$ = [①] $-1800 \div 6$

= [①] − [②]

= [③]

(①: $4200 \div 7$, ②: $1800 \div 6$, ③: ① − ②)

(2) $3500 \div 5 + 3600 \div 9$ = [①] $+3600 \div 9$

= [①] + [②]

= [③]

(①: $3500 \div 5$, ②: $3600 \div 9$, ③: ① + ②)

(3) $182 - 136 \div 2 \div 17$ = 182− [①] $\div 17$

= 182− [②]

= [③]

(①: $136 \div 2$, ②: ① $\div 17$, ③: 182 − ②)

(4) $269 + 345 \div 23 \div 5$ = 269+ [①] $\div 5$

= 269+ [②]

= [③]

(①: $345 \div 23$, ②: ① $\div 5$, ③: 269 + ②)

문제 3 | 다음을 보기와 같이 계산하시오.

보기

$$96+84\div 7=96+12$$
$$=108$$

(1) $73-45\div 3=$

(2) $89+68\div 4=$

(3) $215-192\div 16=$

(4) $361+270\div 15-94=$

(5) $529-432\div 27+38=$

문제 3 [문제 1]과 [문제 2]에서 익힌 덧셈, 뺄셈, 나눗셈이 함께 있는 식의 계산에서 나눗셈을 먼저 계산하는 규칙을 연습한다. 앞 차시와 마찬가지로 식의 값이 아니라 좌변과 우변이 같음을 나타내는 등호의 사용에 초점을 둔다.

(6) $96 \div 4 + 80 \div 5 =$

(7) $294 \div 6 - 182 \div 13 =$

(8) $458 + 296 \div 4 \div 37 =$

(9) $950 - 832 \div 13 \div 4 =$

8일차 덧셈, 뺄셈, 나눗셈과 괄호가 들어 있는 식

공부한 날짜 월 일

문제 1 | 다음을 보기와 같이 계산하시오.

보기

$$127+45\div 3=127+15$$
$$=142$$

(1) $164-96\div 8=$

(2) $195+24\div 6-73=$

(3) $318-126\div 9+85=$

선생님만 보세요

문제 1 덧셈, 뺄셈, 나눗셈이 함께 있는 식의 계산에서 나눗셈을 먼저 계산하는 규칙을 다시 복습한다. 앞에서도 강조했듯 등식이 되도록 우변의 식이 완벽한지 반드시 점검하도록 권장한다.

문제 2 | 보기와 같이 빈칸에 알맞은 수를 쓰시오.

보기

전체 정원이 175석인 비행기가 있습니다. 한 줄에는 왼쪽에 3명, 오른쪽에 2명이 앉을 수 있다면 이 비행기의 좌석은 모두 몇 줄인가요?

(전체 비행기 좌석)÷(한 줄의 좌석 수)=(좌석 줄의 수)

①

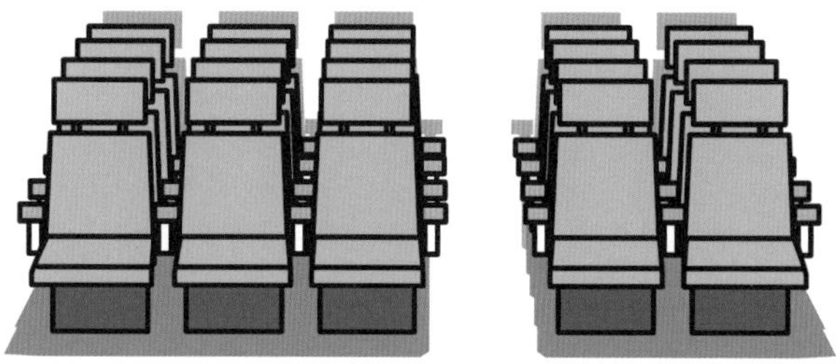

②

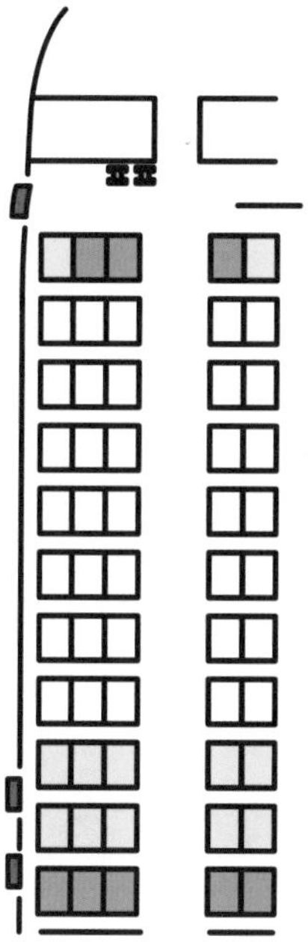

175 ÷ (3 + 2) = 175 ÷ ①5

= ②35

전체 좌석 수

① 한 줄에 앉을 수 있는 좌석 수

② 좌석의 줄 수

괄호부터 계산합니다.

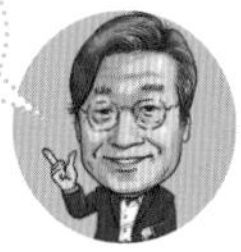

문제 2 한 줄에 각각 3명과 2명이 앉을 수 있는 비행기 좌석이 모두 몇 줄인지 구하는 상황을 식으로 나타내는 과정에서 괄호가 필요함을 인식한다. 아울러 괄호부터 먼저 계산해야 하는 규칙도 파악하는 문제다.

(1) $657 \div (4 + 5) = 657 \div$ [①]

= [②]

(① = 4 + 5, ② = 657 ÷ ①)

(2) $738 \div (15 - 9) = 738 \div$ [①]

= [②]

(① = 15 − 9, ② = 738 ÷ ①)

(3) $(524 + 372) \div 8 =$ [①] $\div 8$

= [②]

(① = 524 + 372, ② = ① ÷ 8)

(4) $(903 - 258) \div 3 =$ [①] $\div 3$

= [②]

(① = 903 − 258, ② = ① ÷ 3)

(5) $415 - (176 + 139) \div 9 = 412 - $ ① $\div 9$

$= 412 -$ ②

$=$ ③

(6) $529 + (341 - 103) \div 17 = 529 +$ ① $\div 17$

$= 529 +$ ②

$=$ ③

문제 3 | 다음을 보기와 같이 계산하시오.

보기

$65 \div (4+9) = 65 \div 13$

$= 5$

(1) $72 \div (15-3) =$

문제 3 [문제 2]에서 익힌 덧셈, 뺄셈, 나눗셈이 괄호와 함께 있는 식의 계산에서 괄호부터 먼저 차례로 계산하는 규칙을 연습한다. 식의 값이 아니라 좌변과 우변이 같음을 나타내는 등호의 사용에 초점을 둔다.

(2) $(153+63)\div 27=$

(3) $(600-158)\div 34=$

(4) $726-(374+94)\div 18=$

(5) $615+(580-97)\div 23=$

문제 4 | 보기와 같이 두 식의 값을 비교하시오.

보기

$12+6\div2=12+3$
$=15$

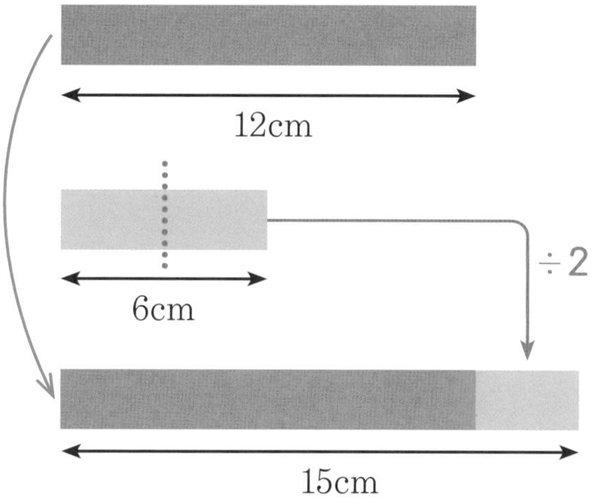
12cm
6cm
÷2
15cm

$(12+6)\div2=18\div2$
$=9$

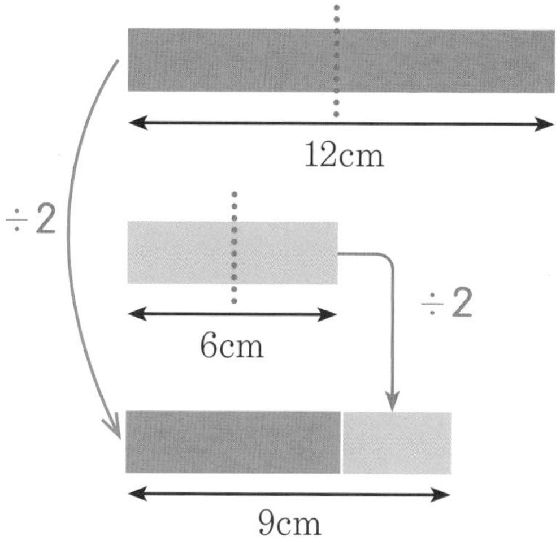
12cm
÷2
6cm
÷2
9cm

그러므로 $12+6\div2$ [≠] $(12+6)\div2$

왼쪽 식과 오른쪽 식의 값이
같으면 등호 =로, 같지 않으면
기호 ≠로 나타내요!

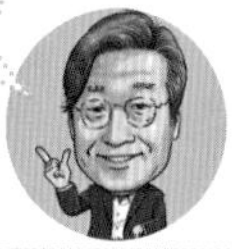

(1)

$12+8\div4=$

$(12+8)\div4=$

그러므로 $12+8\div4$ [ ] $(12+8)\div4$

선생님만 보세요

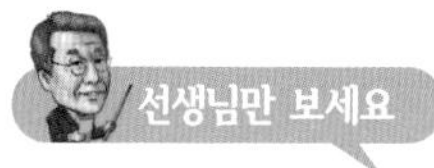

문제 4 괄호가 있을 때와 없을 때의 계산 값의 차이를 실감하는 문제다. 먼저 괄호가 없는 식의 계산에서 덧셈과 뺄셈보다 나눗셈이 우선인 식의 값을 구한다. 이어서 배열된 숫자는 같으나 괄호가 들어 있는 식의 값을 구한다.

(2)

$28 \div 4 + 3 =$

$28 \div (4 + 3) =$

그러므로 $28 \div 4 + 3$ ☐ $28 \div (4 + 3)$

(3)

$98 - 14 \div 7 =$

$(98 - 14) \div 7 =$

그러므로 $98 - 14 \div 7$ ☐ $(98 - 14) \div 7$

(4)

$104 \div 8 - 6 =$

$104 \div (8 - 6) =$

그러므로 $104 \div 8 - 6$ ☐ $104 \div (8 - 6)$

(5)

$12+9\div3-5=$

$(12+9)\div3-5=$

그러므로 $12+9\div3-5$ ☐ $(12+9)\div3-5$

(6)

$35+21\div7-4=$

$35+21\div(7-4)=$

그러므로 $35+21\div7-4$ ☐ $35+21\div(7-4)$

교사용 해설

연산 학습과 문장제 학습에 대한 오해

다음은 문장제와 관련한 초등학교 교사들의 이야기다.

"계산은 잘하는데, 문장으로 상황이 제시되는 문제가 나오면 어려워해요."
"응용력이 부족한 것 같아요."
"문장을 잘 이해하지 못해서 그런 것 같아요. 독해력이 부족하니까 독서교육부터 해야 할 겁니다."

과연 그럴까? 만약 이것이 사실이라면 다음 질문에도 답할 수 있어야 한다.
'도대체 문장제의 어떤 문장이 어렵기에 독해력이 필요하다는 것일까?'
'독해력이 부족해서라면 수학의 문장제 문제를 잘 풀기 위한 독서교육의 일환으로 어떤 책을 읽어야 할까?'

문장제 문제를 푸는 데 어려움을 겪는 이유가 응용력이나 독해력이 부족하기 때문이라며 아이들의 능력을 탓한다. 하지만 연산 교육 자체에 문제점은 없는지 진지하게 되돌아볼 필요가 있다. 성찰의 시간을 갖자는 것이다.
연산 교육의 목표는, 주어진 상황을 적절한 수학적 기호와 숫자를 사용해 수식으로 표현하는 것이다. 그 과정에서 실생활에서 맞닥뜨리는 상황을 해결하기 위해 수학식이 얼마나 효율적인 도구인지 깨닫게 된다. 이때 가장 중요한 것은 수식에 들어 있는 수학적 기호, 즉 덧셈과 뺄셈기호인 +와 −, 곱셈과 나눗셈 기호인 ×와 ÷, 등식의 좌변과 우변이 같음을 나타내는 등호 =의 의미를 확실히 파악하고 이 기호들을 자유자재로 사용할 수 있어야만 한다.
이와 같은 연산 교육의 목표는 문장제 해결에도 그대로 적용된다. 즉, 문제 안의 문장에 대한 독해력이 아니라 기호의 의미에 대한 이해가 우선이다. 예를 들어 다음 덧셈 문제를 보라.

(1) 거실에는 남자 3명과 여자 2명이 앉아 있다. 거실에 앉아 있는 사람은 모두 몇 명인가?
(2) 내 그릇에 빵 3개가 있었는데, 동생이 2개를 더 주었다. 내 그릇에 있는 빵은 모두 몇 개인가?

두 문제 모두 3+2=5라는 덧셈식으로 나타낼 수 있다. 하지만 + 기호의 의미는 다르다. 문제 (1)에 사용된 + 기호는 서로 다른 두 집합의 합집합을 이루는 원소의 개수를 나타낸다. 반면에 문제 (2)에 사용된 + 기호는 주어진 것에서 더 불어난 개수를 나타낸다. 뺄셈 기호는 보다 다양한 상황에 적용된다. 다음 예를 보라.

(1) 주차장에 있던 8대의 자동자 중 3대의 자동차가 빠져나갔다. 주차장에 남아 있는 자동차는 모두 몇 대인가?
(2) 거실에 있는 사람 8명 가운데 3명만 남자다. 여자는 몇 명인가?
(3) 형은 8개의 도넛을, 동생은 3개의 도넛을 갖고 있다. 형은 동생보다 몇 개의 도넛을 더 가지고 있는가? (또는 동생은 형보다 몇 개의 도넛을 덜 가지고 있는가?)

위의 세 문제 모두 뺄셈식 8−3=5로 나타낼 수 있다. 하지만 이때 사용된 뺄셈 기호는 각각 차례로 '제거하고(또는 덜어내고) 남은 나머지', '여집합의 원소의 개수', '비교 상황에서의 차'를 의미한다. 같은 뺄셈 기호이지만 전혀 다른 상황임을 알 수 있다.
곱셈과 나눗셈도 다르지 않다. 몇배인가를 구하는 곱셈은 단지 같은 수를 거듭 더하는 동수누가만이 아니라 확대 또는 축소 상황에 적용되기도 한다. 나눗셈도 똑같은 수량으로 나누어주는 등분 상황만이 아니라 똑같은 수량으로 묶어야 하는 묶음 상황에 적용되는데, 나눗셈을 처음 접할 때 이를 구분하는 것이 쉽지 않다. 하지만 이 나눗셈은 이후 분수 개념은 물론이고 6학년에서 백분율을 포함하는 비례 개념과 과학의 주요 개념에 사용되는 측정 단위로 이어진다.
이와 관련된 더 자세한 설명은 『허 찌르는 수학』 1권에서 자세히 다루었으니 참고하기 바란다.

그렇다. 사칙연산의 문장제에 어려움을 겪는 가장 큰 이유는 독해력 부족이 아니다.
각각의 연산 기호는 나름의 다양한 의미를 갖고 다양한 상황에 적용된다. 따라서 문장제 풀이의 첫걸음은 주어진 문제상황에 어떤 연산이 적용되는지를 먼저 결정해야 한다. 하지만 연산 기호를 처음 접할 때 각각의 상황에 적용되는 의미를 제대로 음미하고 이해할 수 있도록 충분한 시간과 기회가 주어져야 함에도, 지금까지 성행하는 기존의 연산 교육은 계산의 결과를 얻기 위한 정해진 절차를 따라가는 것에만 초점을 두고 있다. 빠른 시간 내에 실수 없이 정답을 얻기 위해 수식의 의미를 생각하거나 음미할 기회를 전혀 주지 않은 채 기계적인 반복 훈련만 강요해왔다. 문장제마저도 유형별로 분류하여 문제의 뜻을 생각할 기회를 주지 않고 기계적인 풀이 절차를 거쳐 답을 구하는 것에만 초점을 둔다.
『생각하는 초등연산』은 이러한 관행을 타파하기 위해 탄생했다. 1권부터 8권까지 훈련(training)과 교육(education)을 구별하며 계산 훈련이 아닌 연산 교육을 제공해야 한다고 힘주어 강조한 이유이기도 하다. 혼합계산도 같은 맥락에서 학습할 것을 권한다. 연산도 수학의 한 분야임을 인지하고 생각하는 학습이 이루어지기를 간절히 바란다.

9일차 여러 가지 사칙연산 문제

공부한 날짜 월 일

문제 1 | 다음 문제들을 식으로 나타내고 답을 구하시오.

(1) 216명의 승객을 태운 부산행 기차가 대전역에 정차했을 때, 78명이 내리고 53명이 탔습니다. 기차의 승객은 모두 몇 명인가요?

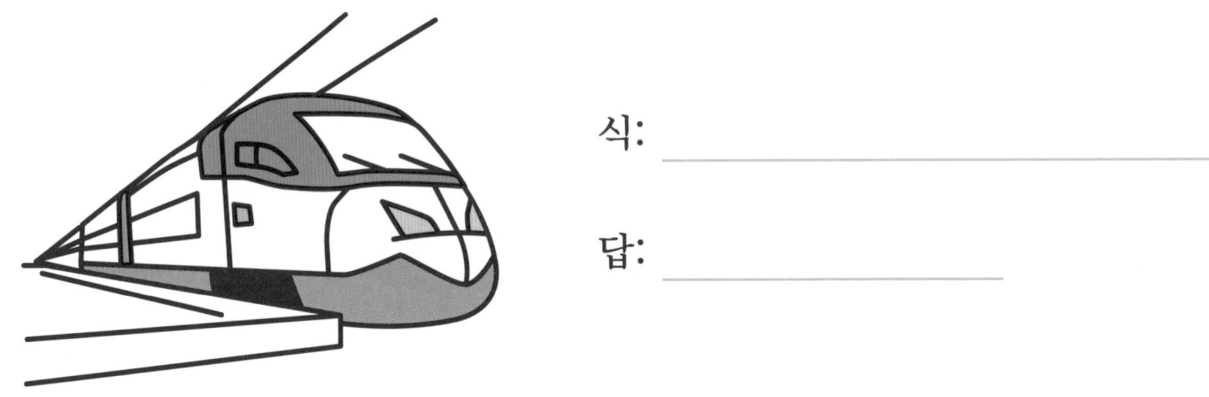

식: ______________________

답: ______________

(2) 민서와 도현이가 함께 종이학 100마리를 접으려고 합니다. 민서는 종이학을 37마리, 도현이는 45마리를 접었습니다. 앞으로 몇 마리를 더 접어야 하나요?

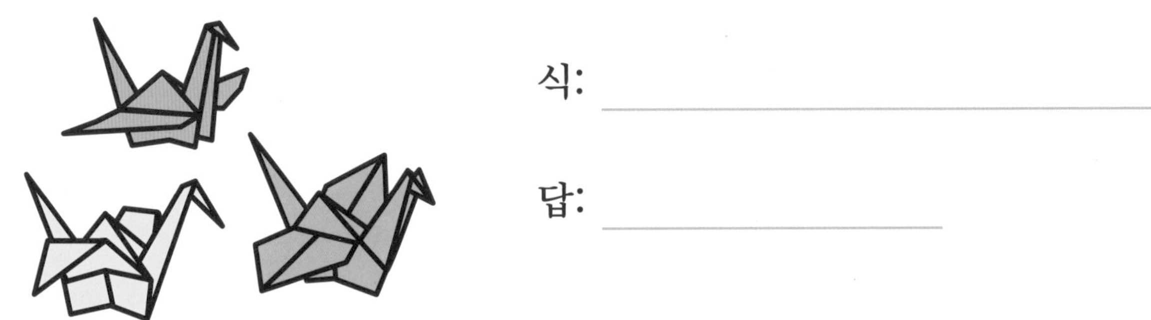

식: ______________________

답: ______________

문제 1 주어진 상황을 사칙연산과 괄호를 이용하여 식으로 나타내는 활동이다. 특히 (2), (4), (6), (7), (8), (9), (11) 번의 문제 상황에서 괄호의 중요성을 확인한다.

(3) 찐빵 38개를 한 접시에 2개씩 담아 17접시를 팔았습니다.
남은 찐빵은 몇 개인가요?

식: ____________________

답: ____________

(4) 5000원으로 750원짜리 지우개 두 개와 450원짜리 볼펜 세 자루를 샀습니다.
거스름돈은 얼마인가요?

식: ____________________

답: ____________

(5) 한 상자에 25개씩 들어 있는 야구공 상자가 8개 있습니다.
이 야구공을 10명에게 똑같이 나누어 주면
한 사람이 몇 개의 야구공을 갖게 될까요?

식: ______________________

답: ______________

(6) 초콜릿 96개를 한 줄에 4개씩 3줄을 담을 수 있는 상자에
똑같이 나누어 담으려고 합니다. 상자가 몇 개 필요할까요?

식: ______________________

답: ______________

(7) 풍선이 130개 있습니다. 한 상자에 풍선이 25개씩 들어 있는 풍선상자 5개를 더 구입하여 3명에게 똑같이 나누어 주면, 한 사람이 갖는 풍선 개수는 몇 개인가요?

식: ____________________

답: ____________

(8) 1200원짜리 컵라면을 450원씩 할인받아 모두 4개를 사려고 합니다. 5000원을 내면 거스름돈을 얼마 받아야 하나요?

식: ____________________

답: ____________

(9) 500원짜리 구슬 6개와, 700원짜리 딱지 5개를 사고
10000원을 내면 거스름돈을 얼마 받아야 하나요?
괄호가 있는 식으로 나타내고 답을 구하시오.

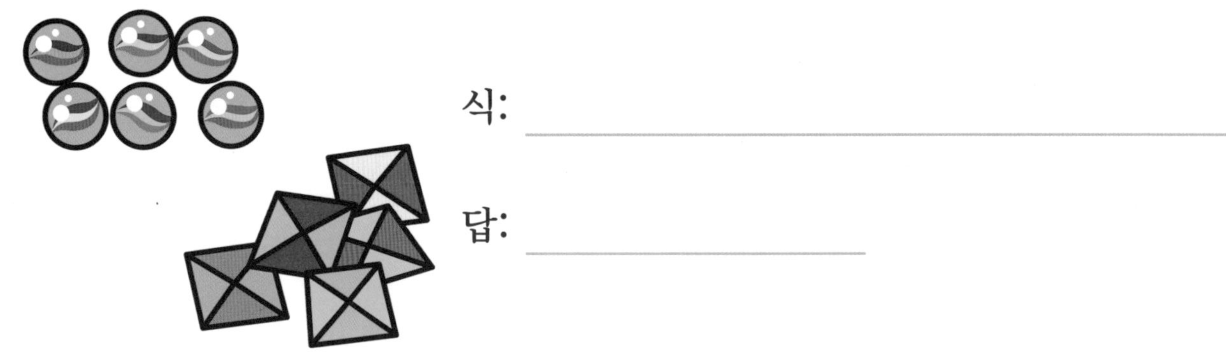

식: ______________________

답: ______________

(10) 4200원짜리 케이크를 5조각으로 나누어 팔고 있습니다.
이 가운데 3조각을 사고 5000원을 내면 거스름돈을 얼마 받아야 하나요?

식: ______________________

답: ______________

(11) 6개에 4200원인 풀을 3개, 5개에 2000원인 지우개 2개를 사고 5000원을 내면 거스름돈을 얼마 받아야 하나요? 괄호가 있는 식으로 나타내고 답을 구하시오.

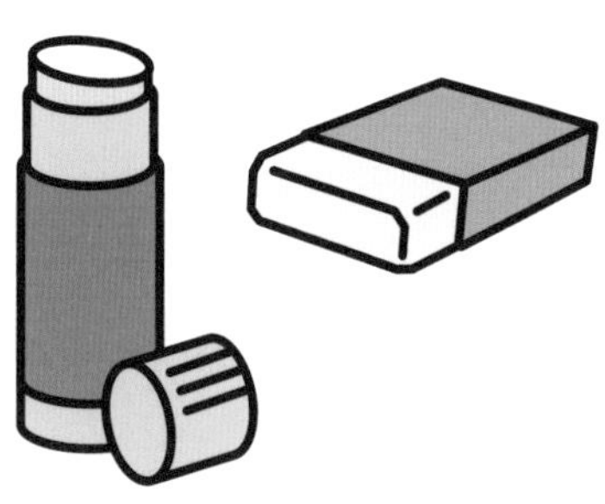

식: ______________________

답: ____________

문제 2 | 보기와 같이 풀이가 옳은 것은 ○로 표시하고, 틀린 것은 바르게 고쳐 계산하시오.

보기

1 $67-(14+5)=67-19$
$=48$

2 $12+9\times4=21\times4$
$=84$

$12+9\times4=12+36$
$=48$

선생님만 보세요

문제 2 혼합계산에 대한 풀이를 다른 사람의 풀이과정을 검토하며 옳고 그름을 판단하고, 틀린 것은 수정한다.

(1) $69-57\div3=12\div3$
$=4$

(2) $87\div3\times5=29\times5$
$=145$

(3) $90\times8+3=90\times11$
$=990$

(4) $30\times(8+4)\div6=30\times12\div6$
$=30\div2$
$=15$

(5) $60+7\times(21-9)=60+7\times12$
$=60+84$
$=144$

(6) $(45+19)\div(8\times2)=64\div(8\times2)$
$=64\div16$
$=4$

10 일차 계산을 간편하게 하는 방법

공부한 날짜 월 일

문제 1 | 왼쪽 식의 빈칸에 알맞은 수를 넣고, 같은 방법으로 오른쪽 식의 답을 구하시오.

(1)

$72 \times 8 = (\square + 2) \times 8$

$= \square \times 8 + 2 \times 8$

$= \square + 16$

$= \square$

$63 \times 7 =$

(2)

$105 \times 7 = (\square + 5) \times 7$

$= \square \times 7 + 5 \times 7$

$= \square + 35$

$= \square$

$109 \times 8 =$

선생님만 보세요

문제 1 괄호를 사용하면 계산 과정을 더 간편하게, 즉 암산으로 풀이할 수 있는 문제다. 분배법칙 적용 이전에 4×25=100과 8×125=1000이라는 곱셈식의 값을 미리 알면, 분배법칙 적용을 훨씬 쉽게 파악할 수 있다.

(3)

$9 \times 46 = 9 \times (\square + 6)$

$= 9 \times \square + 9 \times 6$

$= \square + 54$

$= \square$

$6 \times 83 =$

(4)

$8 \times 108 = 8 \times (\square + 8)$

$= 8 \times \square + 8 \times 8$

$= \square + 64$

$= \square$

$5 \times 109 =$

(5)

$49 \times 7 = (\square - 1) \times 7$

$= \square \times 7 - 1 \times 7$

$= \square - 7$

$= \square$

$57 \times 4 =$

(6)

$98 \times 7 = (\square - 2) \times 7$

$= \square \times 7 - 2 \times 7$

$= \square - 14$

$= \square$

$99 \times 6 =$

(7)

$9 \times 29 = 9 \times (\square - 1)$

$= 9 \times \square - 9 \times 1$

$= \square - 9$

$= \square$

$7 \times 78 =$

(8)

$6 \times 98 = 6 \times (\square - 2)$

$= 6 \times \square + 6 \times 2$

$= \square - 12$

$= \square$

$4 \times 97 =$

(9)

$25\times 12=25\times \square \times 3$

$=\square \times 3$

$=\square$

$25\times 24=$

(10)

$28\times 25=7\times \square \times 25$

$=7\times \square$

$=\square$

$36\times 25=$

(11)

$125\times 16=125\times \square \times 2$

$=\square \times 2$

$=\square$

$125\times 56=$

(12)

$24 \times 125 = 3 \times \square \times 125$
$= 3 \times \square$
$= \square$

$72 \times 125 =$

문제 2 | 왼쪽 식의 빈칸에 알맞은 수를 넣고, 같은 방법으로 오른쪽 식의 답을 구하시오.

(1)

$84 \div 3 = (60 + \square) \div 3$
$= 60 \div 3 + \square \div 3$
$= 20 + \square$
$= \square$

$72 \div 4 =$

(2)

$136 \div 4 = (120 + \square) \div 4$
$= 120 \div 4 + \square \div 4$
$= 30 + \square$
$= \square$

$259 \div 7 =$

문제 2 앞의 문제와 같다. 다만 곱셈을 나눗셈으로 바꿨을 뿐이다. 여기서도 계산에 앞서 식에 들어있는 숫자에 대한 관찰이 중요하다. 이 문제 풀이에서도 완벽한 등식쓰기가 필요하다.

(3)

$87 \div 3 = (90 - \square) \div 3$

$= 90 \div 3 - \square \div 3$

$= 30 - \square$

$= \square$

$78 \div 2 =$

(4)

$294 \div 3 = (300 - \square) \div 3$

$= 300 \div 3 - \square \div 3$

$= 100 - \square$

$= \square$

$196 \div 2 =$

(5)

$192 \div 4 = (200 - \square) \div 4$

$= 200 \div 4 - \square \div 4$

$= 50 - \square$

$= \square$

$294 \div 6 =$

11 일차 혼합 계산 연습

공부한 날짜 월 일

문제 1 | 보기와 같이 풀이가 옳은 것은 ○로 표시하고, 틀린 것은 바르게 고쳐 계산하시오.

보기

① $3+5\times2=3+10$
$=13$

② $17-4\times3=13\times3$
$=39$

$17-4\times3=17-12$
$=5$

(1)

$18\times5-9=90-9$
$=81$

(2)

$24+12\div6=36\div6$
$=6$

문제 1 혼합계산에 대한 풀이를 보고 채점하는 문제로 자연수 사칙연산의 대단원을 마무리한다. 피채점자에서 채점자로 역할을 바꿔 다른 사람의 풀이과정을 검토하며 옳고 그름을 판단하고 틀린 것은 수정한다.

(3)

$$8 \div 2 \times 13 = 4 \times 13$$
$$= 52$$

(4)

$$35 + 7 \times 6 = 42 \times 6$$
$$= 252$$

(5)

$$62 - (17 + 34) = 62 - 51$$
$$= 11$$

(6)

$(54+42)\div 8=96\div 8$

$=12$

(7)

$72-54\div 9=18\div 9$

$=2$

(8)

$36+72\div(9\times 2)=36+72\div 18$

$=108\div 18$

$=6$

(9) $16 \times 7 + 56 \div 4 = 112 + 56 \div 4$

$= 112 + 14$

$= 126$

(10) $92 - (14 + 18) \div 4 = 92 - 32 \div 4$

$= 60 \div 4$

$= 15$

(11) $18 \times 5 - 12 \div 3 + 7 = 90 - 12 \div 3 + 7$

$= 78 \div 3 + 7$

$= 26 + 7 = 33$

$= 33$

(12) $108 - 72 \div 18 + 5 \times 4 = 36 \div 18 + 5 \times 4$

$= 2 + 5 \times 4$

$= 7 \times 4$

$= 28$

(13) $372-54\div3\times(2+7)=372-54\div3\times9$

$=372-18\times9$

$=372-162$

$=210$

(14) $480-(60+42)\div3\times10=480-102\div3\times10$

$=378\div3\times10$

$=126\times10$

$=1260$

(15) $320-54+18\times(6\div3)=320-54+18\times2$

$=320-54+36$

$=266+36$

$=302$

(16) $840\div4-(34+53)\times2=840\div4-87\times2$

$=210-87\times2$

$=123\times2$

$=246$

memo

『박영훈의 생각하는 초등연산』 시리즈 구성

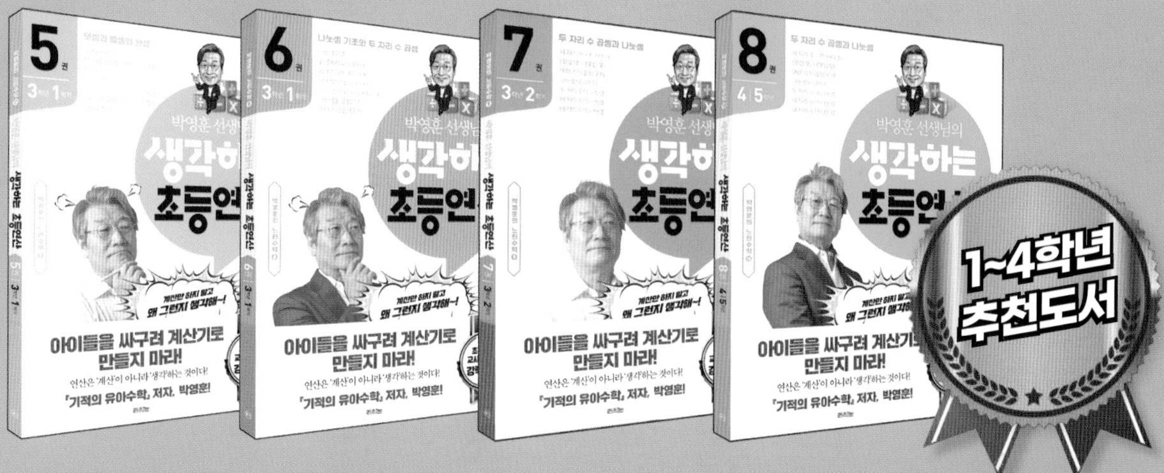

계산만 하지 말고 왜 그런지 생각해!

아이들을 싸구려 계산기로 만들지 마라! 연산은 '계산'이 아니라 '생각'하는 것이다!

인지 학습 심리학 관점에서 연산의 개념과 원리를
스스로 깨우치도록 정교하게 설계된, 게임처럼 흥미진진한 초등연산!

1권 | 덧셈과 뺄셈의 기초 I (1학년 1학기)

2권 | 덧셈과 뺄셈의 기초 II (1학년 2학기)

3권 | 두 자리 수의 덧셈과 뺄셈(2학년)

4권 | 곱셈 기초와 곱셈구구(2학년)

5권 | 덧셈과 뺄셈의 완성(3학년 1학기)

6권 | 나눗셈 기초와 두 자리 수 곱셈(3학년 1학기)

7권 | 두 자리 수 곱셈과 나눗셈(3학년 2학기)

8권 | 곱셈/나눗셈의 완성과 혼합계산(4학년)

박영훈 선생님의

생각하는 초등연산

★ 박영훈 지음 ★

8 권

4 학년

정답

라의눈

박영훈 선생님의

생각하는 초등연산 개념 MAP

수 세기
- 5까지의 수 세기
- 9까지의 수 세기
- 10 이상의 수 세기

유치원

덧셈기호와 뺄셈기호의 도입

『생각하는 초등연산』 1권

수 세기에 의한 덧셈과 뺄셈
받아올림과 받아내림을 수 세기로 도입

『생각하는 초등연산』 2권

두 자리 수의 덧셈과 뺄셈 1
세로셈 도입

『생각하는 초등연산』 2권

두 자리 수의 덧셈과 뺄셈 2
받아올림과 받아내림을 세로셈으로 도입

『생각하는 초등연산』 3권

세 자리 수의 덧셈과 뺄셈 (덧셈과 뺄셈의 완성)

『생각하는 초등연산』 5권

곱셈기호의 도입
동수누가에 의한 덧셈의 확장으로 곱셈 도입

『생각하는 초등연산』 4권

곱셈구구의 완성
동수누가에 의한 덧셈의 확장으로 곱셈 도입

『생각하는 초등연산』 4권

두 자리수의 곱셈
분배법칙의 적용

『생각하는 초등연산』 6권

두 자리수 곱셈의 완성

『생각하는 초등연산』 7권

나눗셈기호의 도입
곱셈구구에서 곱셈의 역에 의한 나눗셈 도입

『생각하는 초등연산』 6권

나머지가 있는 나눗셈

『생각하는 초등연산』 6권

몫이 두 자리 수인 나눗셈

『생각하는 초등연산』 7권

곱셈과 나눗셈의 완성

『생각하는 초등연산』 8권

사칙연산의 완성
혼합계산

『생각하는 초등연산』 8권

+ 정답 ÷

1 곱셈의 완성

14p

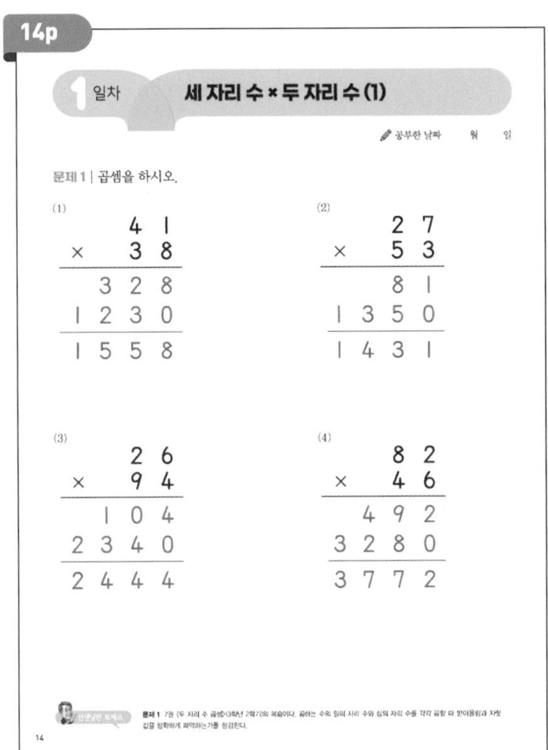

15p

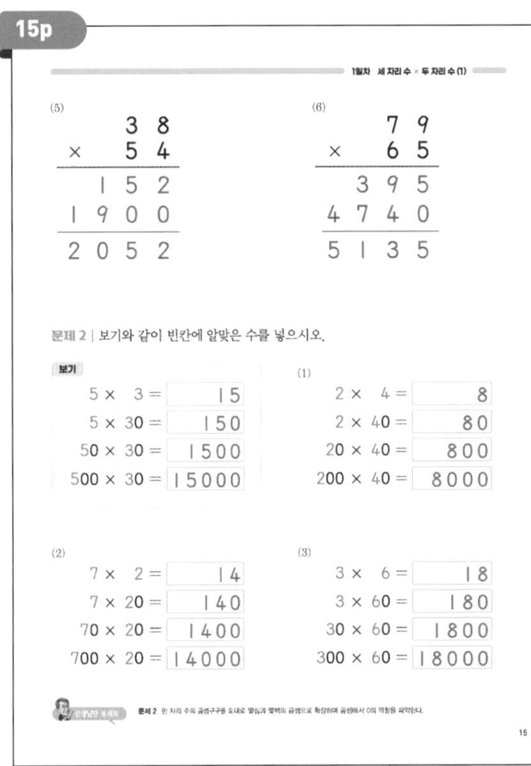

16p

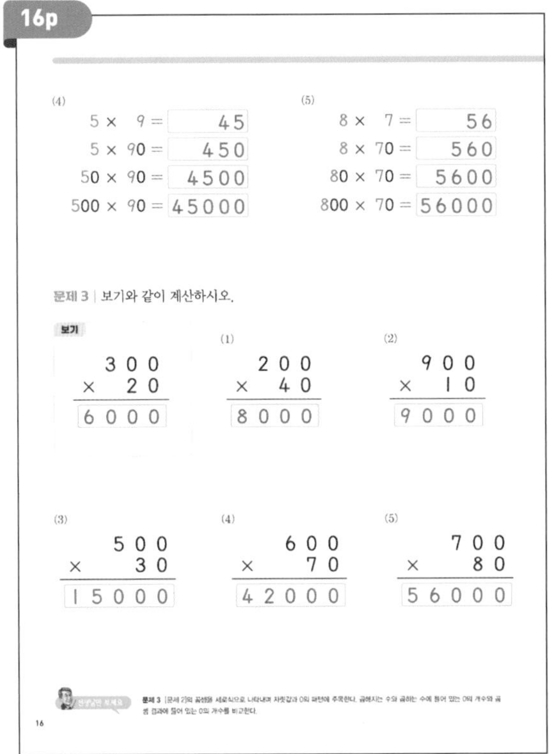

17p

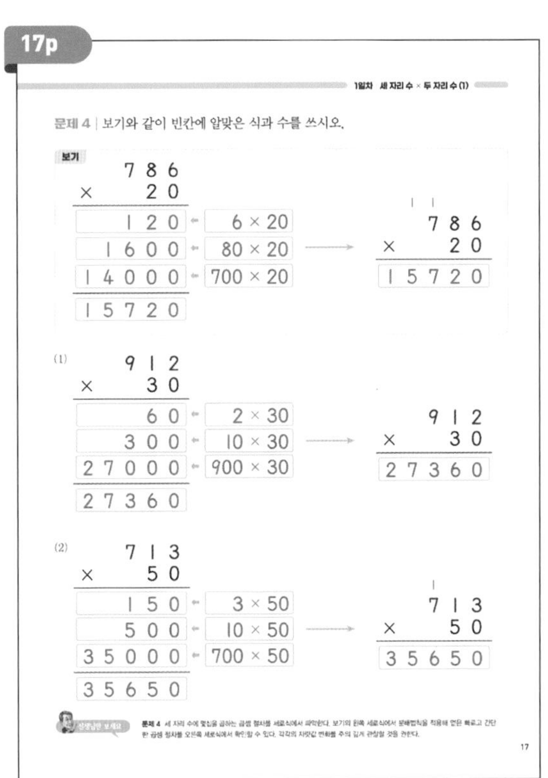

+ 정답 ÷

18p

(3) 742 × 40

80	2 × 40
1600	40 × 40
28000	700 × 40
29680	

→ (받아올림 1) 742 × 40 = 29680

(4) 650 × 70

0	0 × 70
3500	50 × 70
42000	600 × 70
45500	

→ (받아올림 3) 650 × 70 = 45500

(5) 508 × 90

720	8 × 90
0	0 × 90
45000	500 × 90
45720	

→ (받아올림 7) 508 × 90 = 45720

18

21p

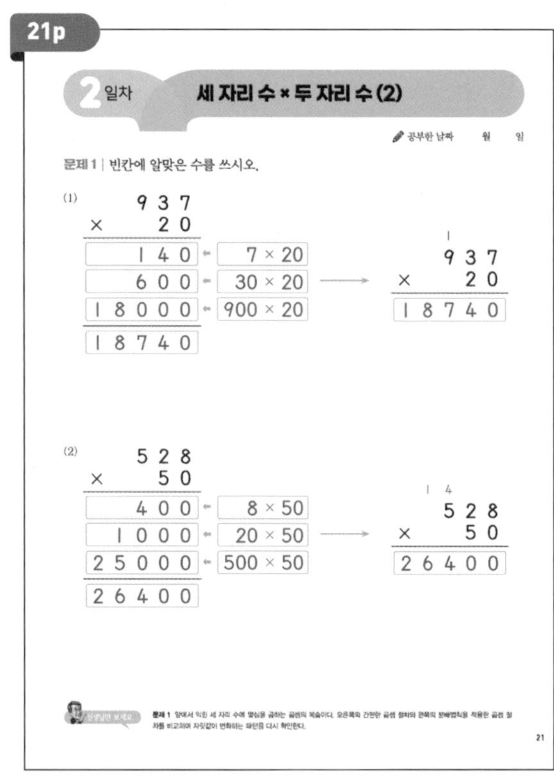

2일차 세 자리 수 × 두 자리 수 (2)

공부한 날짜 월 일

문제 1 | 빈칸에 알맞은 수를 쓰시오.

(1) 937 × 20

140	7 × 20
600	30 × 20
18000	900 × 20
18740	

→ (받아올림 1) 937 × 20 = 18740

(2) 528 × 50

400	8 × 50
1000	20 × 50
25000	500 × 50
26400	

→ (받아올림 1 4) 528 × 50 = 26400

21

22p

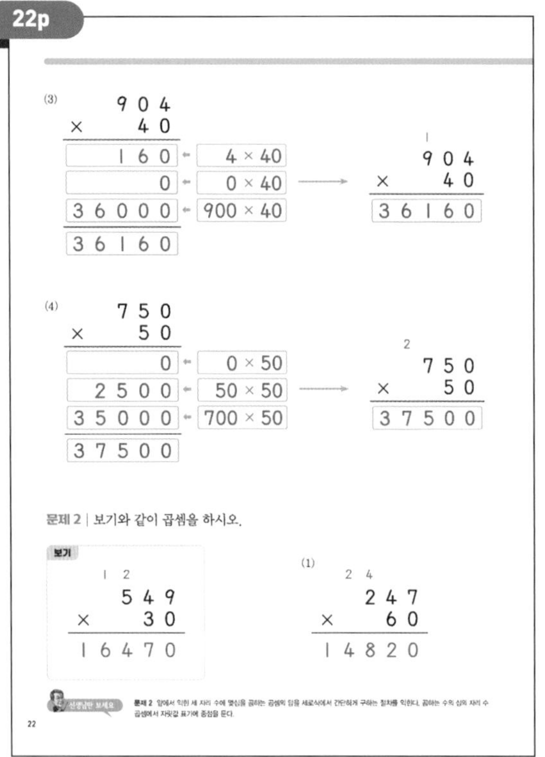

(3) 904 × 40

160	4 × 40
0	0 × 40
36000	900 × 40
36160	

→ (받아올림 1) 904 × 40 = 36160

(4) 750 × 50

0	0 × 50
2500	50 × 50
35000	700 × 50
37500	

→ (받아올림 2) 750 × 50 = 37500

문제 2 | 보기와 같이 곱셈을 하시오.

보기: (받아올림 1 2) 549 × 30 = 16470

(1) (받아올림 2 4) 247 × 60 = 14820

22

23p

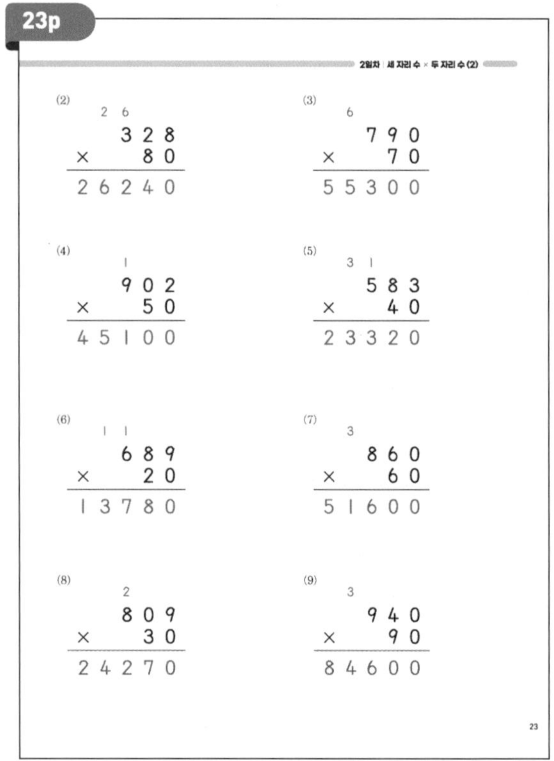

(2) (받아올림 2 6) 328 × 80 = 26240

(3) (받아올림 6) 790 × 70 = 55300

(4) (받아올림 1) 902 × 50 = 45100

(5) (받아올림 3 1) 583 × 40 = 23320

(6) (받아올림 1 1) 689 × 20 = 13780

(7) (받아올림 3) 860 × 60 = 51600

(8) (받아올림 2) 809 × 30 = 24270

(9) (받아올림 3) 940 × 90 = 84600

23

24p

문제 3 | 보기와 같이 곱셈을 하시오.

보기

213 × 46
1278 ← 213 × 6
8520 ← 213 × 40
9798

(1) 317 × 23
951 ← 317 × 3
6340 ← 317 × 20
7291

(2) 128 × 34
512 ← 128 × 4
3840 ← 128 × 30
4352

(3) 236 × 25
1180 ← 236 × 5
4720 ← 236 × 20
5900

(4) 314 × 36
1884 ← 314 × 6
9420 ← 314 × 30
11304

문제 3 세 자리 수와 두 자리 수의 곱셈 절차를 세로식에서 익힌다. 곱하는 수의 일의 자리와 십의 자리 수를 각각 곱하는 분배법칙의 적용을 확인한다.

24

25p

2일차 세 자리 수 × 두 자리 수 (2)

(5) 439 × 65
2195 ← 439 × 5
26340 ← 439 × 60
28535

(6) 248 × 57
1736 ← 248 × 7
12400 ← 248 × 50
14136

(7) 629 × 78
5032 ← 629 × 8
44030 ← 629 × 70
49062

25

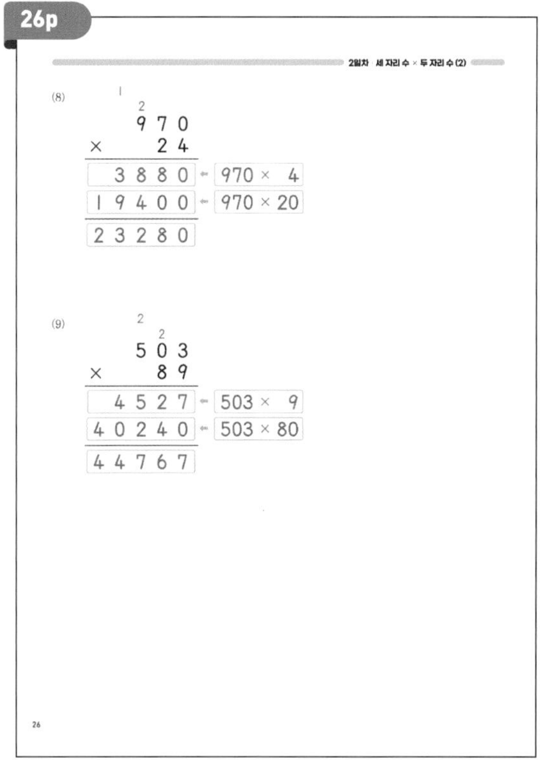

26p

2일차 세 자리 수 × 두 자리 수 (2)

(8) 970 × 24
3880 ← 970 × 4
19400 ← 970 × 20
23280

(9) 503 × 89
4527 ← 503 × 9
40240 ← 503 × 80
44767

26

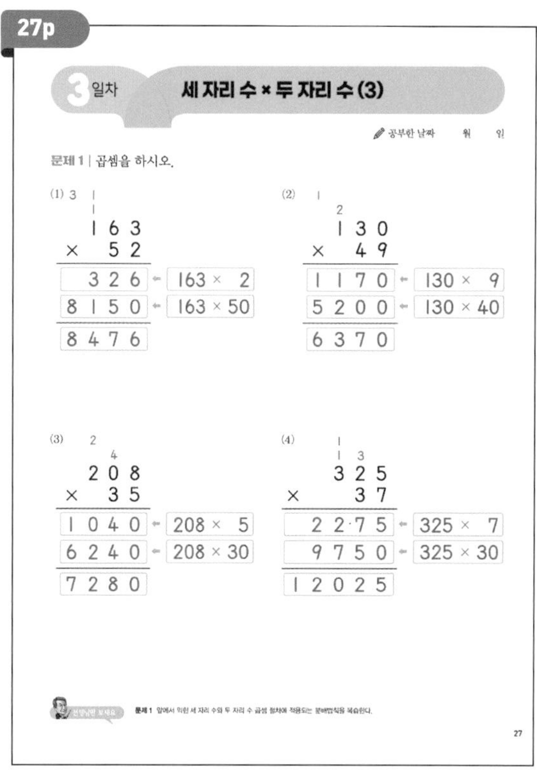

27p

3일차 세 자리 수 × 두 자리 수 (3)

공부한 날짜 월 일

문제 1 | 곱셈을 하시오.

(1) 163 × 52
326 ← 163 × 2
8150 ← 163 × 50
8476

(2) 130 × 49
1170 ← 130 × 9
5200 ← 130 × 40
6370

(3) 208 × 35
1040 ← 208 × 5
6240 ← 208 × 30
7280

(4) 325 × 37
2275 ← 325 × 7
9750 ← 325 × 30
12025

문제 1 앞에서 익힌 세 자리 수와 두 자리 수 곱셈 절차에 적용되는 분배법칙을 복습한다.

27

+ 정답 ÷

28p

문제 2 | 곱셈을 하시오.

(1)
　　2
　3 1 4
× 　2 6
　1 8 8 4
　6 2 8 0
　8 1 6 4

(2)
　2 2
　5 7 9
× 　1 3
　1 7 3 7
　5 7 9 0
　7 5 2 7

(3)
　1
　3
　3 1 9
× 　2 4
　1 2 7 6
　6 3 8 0
　7 6 5 6

(4)
　2 1
　6 4
　1 7 6
× 　3 8
　1 4 0 8
　5 2 8 0
　6 6 8 8

(5)
　3 1
　6 2
　2 8 3
× 　4 8
　2 2 6 4
1 1 3 2 0
1 3 5 8 4

(6)
　4 3
　3 3
　4 7 6
× 　6 5
　2 3 8 0
2 8 5 6 0
3 0 9 4 0

문제 2 세 자리 수와 두 자리 수 곱셈의 복습이다. 다만 분배법칙을 확인하는 절차를 생략하고 곱셈의 답을 구하는 절차를 습득하는 데만 초점을 둔다.

29p

(7)
　3 0 7
× 　3 5
　1 5 3 5
　9 2 1 0
1 0 7 4 5

(8)
　2
　5
　5 8 0
× 　3 7
　4 0 6 0
1 7 4 0 0
2 1 4 6 0

(9)
　7 0 9
× 　8 7
　4 9 6 3
5 6 7 2 0
6 1 6 8 3

(10)
　2
　2
　9 5 0
× 　5 4
　3 8 0 0
4 7 5 0 0
5 1 3 0 0

(11)
　2 1
　5 3
　8 6 4
× 　4 8
　6 9 1 2
3 4 5 6 0
4 1 4 7 2

(12)
　3 6
　2 4
　6 3 7
× 　9 7
　4 4 5 9
5 7 3 3 0
6 1 7 8 9

30p

문제 3 | 문제를 읽고 식과 답을 쓰시오.

(1) 270원짜리 사탕을 34개 샀습니다. 모두 얼마일까요?

식:
　2
　2
　2 7 0
× 　3 4
　1 0 8 0
　8 1 0 0
　9 1 8 0

답: 9180원

(2) 어느 해수욕장의 겨울 관광객이 489명이라고 합니다.
여름에는 겨울보다 25배만큼 더 많이 온다면 여름 관광객은 몇 명일까요?

식:
　1 1
　4 4
　4 8 9
× 　2 5
　2 4 4 5
　9 7 8 0
1 2 2 2 5

답: 12225명

문제 3 세 자리 수와 두 자리 수 곱셈이 적용되는 문제 상황에서 이를 식으로 나타내고 답을 구한다.

31p

(3) 학생 372명에게 마스크를 47개씩 주려고 합니다.
마스크가 모두 몇 개 있어야 할까요?

식:
　2
　5 1
　3 7 2
× 　4 7
　2 6 0 4
1 4 8 8 0
1 7 4 8 4

답: 17484개

(4) 항공사를 이용하는 하루 관광객이 509명이라고 합니다.
62일 동안 몇 명의 관광객이 항공사를 이용했을까요?

식:
　5 0 9
× 　6 2
　1 0 1 8
3 0 5 4 0
3 1 5 5 8

답: 31558명

32p

4일차 **곱셈의 완성 (1)**

공부한 날짜 월 일

문제 1 | 보기와 같이 □ 안에 알맞은 수를 넣으시오.

보기

236 × 27
1652
4720
6372

(1)
425 × 12
850
4250
5100

(2)
318 × 23
954
6360
7314

(3)
164 × 57
1148
8200
9348

(4)
134 × 29
1206
2680
3886

(5)
856 × 35
4280
25680
29960

선생님만 보세요

문제 1 세 자리 수와 두 자리 수의 곱셈 연습이지만, 새로운 유형의 문제다. 곱셈절차를 밟으며 빈칸에 알맞은 수를 넣으면 된다.

33p

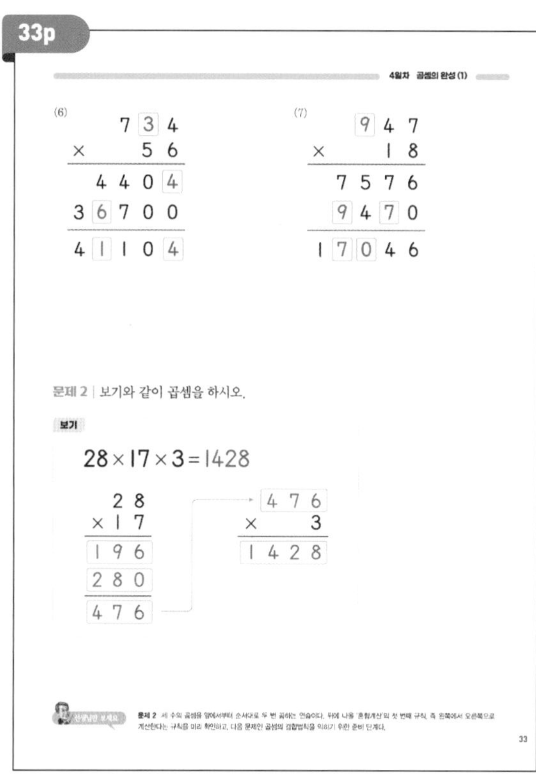

(6)
734 × 56
4404
36700
41104

(7)
947 × 18
7576
9470
17046

문제 2 | 보기와 같이 곱셈을 하시오.

보기

28 × 17 × 3 = 1428

28 × 17
196
280
476

476 × 3
1428

선생님만 보세요

문제 2 세 수의 곱셈을 앞에서부터 순서대로 두 번 곱하는 연습이다. 뒤에 나올 '혼합계산'의 첫 번째 규칙, 즉 왼쪽에서 오른쪽으로 계산한다는 규칙을 미리 확인하고, 다음 문제인 곱셈의 결합법칙을 익히기 위한 준비 단계다.

34p

(1) 14 × 53 × 3 = 2226

14 × 53
42
700
742

742 × 3
2226

(2) 32 × 29 × 5 = 4640

32 × 29
288
640
928

928 × 5
4640

(3) 16 × 45 × 8 = 5760

16 × 45
80
640
720

720 × 8
5760

35p

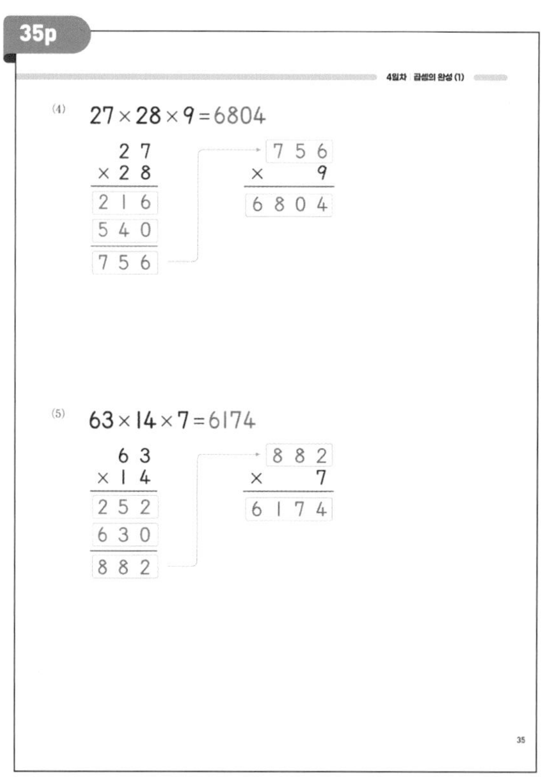

(4) 27 × 28 × 9 = 6804

27 × 28
216
540
756

756 × 9
6804

(5) 63 × 14 × 7 = 6174

63 × 14
252
630
882

882 × 7
6174

정답

37p

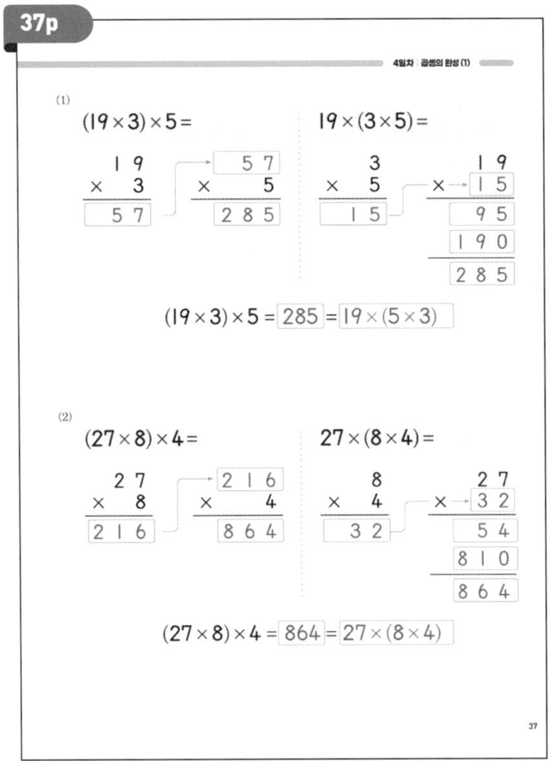

38p

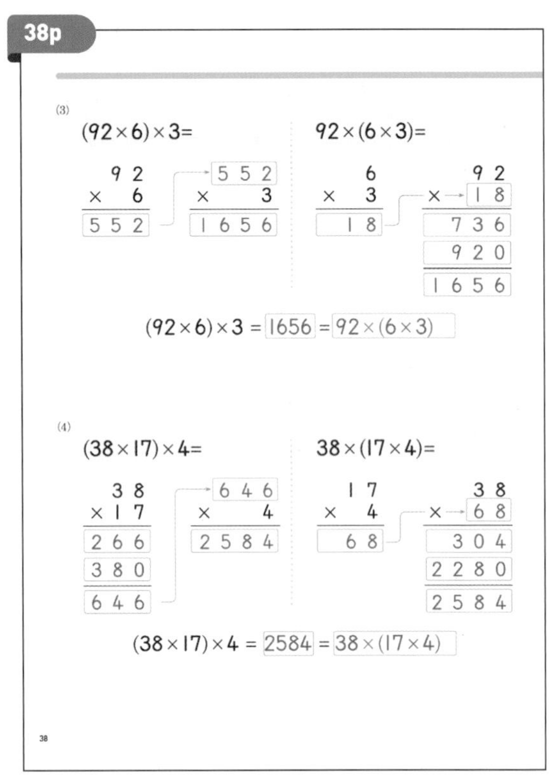

39p

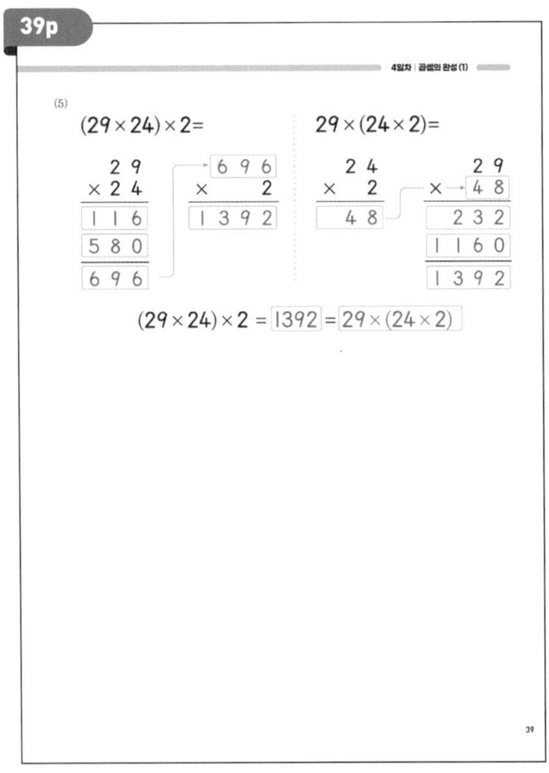

40p

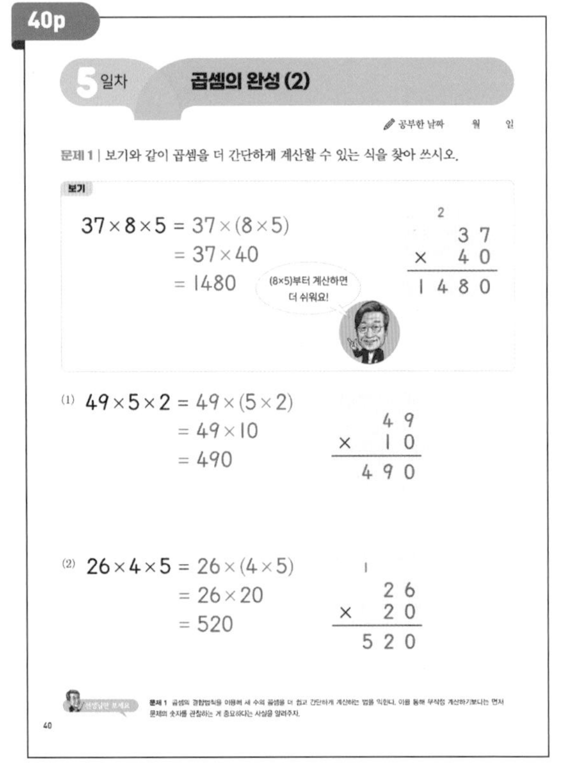

41p

(3) $83\times12\times5=83\times(12\times5)$
$=83\times60$
$=4980$

```
   1          1
  1 2        8 3
×   5    ×   6 0
-----    -------
  6 0    4 9 8 0
```

(4) $42\times35\times2=42\times(35\times2)$
$=42\times70$
$=2940$

```
   1          1
  3 5        4 2
×   2    ×   7 0
-----    -------
  7 0    2 9 4 0
```

(5) $96\times15\times6=96\times(15\times6)$
$=96\times90$
$=8640$

```
   3          5
  1 5        9 6
×   6    ×   9 0
-----    -------
  9 0    8 6 4 0
```

(6) $78\times14\times5=78\times(14\times5)$
$=78\times70$
$=5460$

```
   2          5
  1 4        7 8
×   5    ×   7 0
-----    -------
  7 0    5 4 6 0
```


42p

문제 2 | 보기와 같이 두 곱셈의 답을 비교하시오.

보기

$24\times16=$ $16\times24=$

```
    2           1 2
   2 4           1 6
 × 1 6         × 2 4
 -----         -----
 1 4 4           6 4
 2 4 0         3 2 0
 -----         -----
 3 8 4         3 8 4
```

곱해지는 수와
곱하는 수가 바뀌어도
답은 같아요.

$24\times16=$ 384 $=$ 16×24

(1) $37\times15=$ $15\times37=$

```
    3           1 3
   3 7           1 5
 × 1 5         × 3 7
 -----         -----
 1 8 5         1 0 5
 3 7 0         4 5 0
 -----         -----
 5 5 5         5 5 5
```

$37\times15=$ 555 $=$ 15×37

문제 2 곱셈의 교환법칙, 즉 두 수의 위치가 바뀌어도 곱셈 결과가 다르지 않음을 확인하는 문제다.

43p

(2) $48\times19=$ $19\times48=$

```
    7          3 7
   4 8           1 9
 × 1 9         × 4 8
 -----         -----
 4 3 2         1 5 2
 4 8 0         7 6 0
 -----         -----
 9 1 2         9 1 2
```

$48\times19=$ 912 $=$ 19×48

(3) $67\times23=$ $23\times67=$

```
    1             1
    2             2
   6 7           2 3
 × 2 3         × 6 7
 -------       -------
   2 0 1         1 6 1
 1 3 4 0       1 3 8 0
 -------       -------
 1 5 4 1       1 5 4 1
```

$67\times23=$ 1541 $=$ 23×67

44p

(4) $54\times96=$ $96\times54=$

```
    3             3
    2             2
     5 4           9 6
 ×   9 6       ×   5 4
 -------       -------
   3 2 4         3 8 4
 4 8 6 0       4 8 0 0
 -------       -------
 5 1 8 4       5 1 8 4
```

$54\times96=$ 5184 $=$ 96×54

문제 3 | 보기와 같이 더 간단하게 곱셈을 할 수 있는 식을 찾아 계산하시오.

보기

$12\times34\times5=34\times(12\times5)$
$=34\times60$
$=2040$

```
   1          2
  1 2        3 4
×   5    ×   6 0
-----    -------
  6 0    2 0 4 0
```

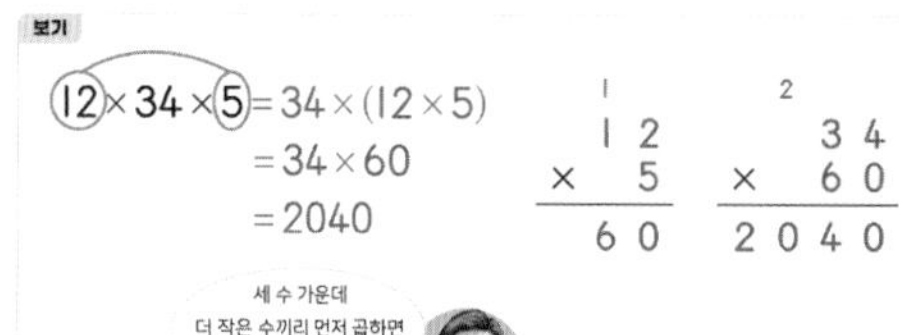

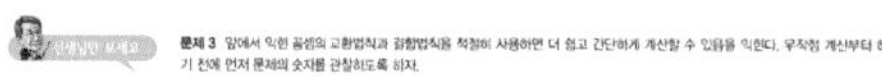

문제 3 앞에서 익힌 곱셈의 교환법칙과 결합법칙을 적절히 사용하면 더 쉽고 간단하게 계산할 수 있음을 익힌다. 무작정 계산부터 하기 전에 먼저 문제의 숫자를 관찰하도록 하자.

+ 정답 ÷

45p

(1) $2\times47\times5=47\times(2\times5)$
$=47\times10$
$=470$

$$\begin{array}{r} 47 \\ \times\ 10 \\ \hline 470 \end{array}$$

(2) $5\times68\times6=68\times5\times6$
$=68\times30$
$=2040$

$$\begin{array}{r} {}^{2}\ \ \\ 68 \\ \times\ 30 \\ \hline 2040 \end{array}$$

(3) $14\times39\times5=39\times14\times5$
$=39\times70$
$=2730$

$$\begin{array}{r} {}^{2}\ \ \\ 14 \\ \times\ 5 \\ \hline 70 \end{array} \qquad \begin{array}{r} {}^{6}\ \ \\ 39 \\ \times\ 70 \\ \hline 2730 \end{array}$$

(4) $12\times169\times5=169\times12\times5$
$=169\times60$
$=10140$

$$\begin{array}{r} {}^{1}\ \ \\ 12 \\ \times\ 5 \\ \hline 60 \end{array} \qquad \begin{array}{r} {}^{4\ 5}\ \ \\ 169 \\ \times\ 60 \\ \hline 10140 \end{array}$$

45

46p

(5) $25\times348\times2=348\times25\times2$
$=348\times50$
$=17400$

$$\begin{array}{r} {}^{1}\ \ \\ 25 \\ \times\ 2 \\ \hline 50 \end{array} \qquad \begin{array}{r} {}^{2\ 4}\ \ \\ 348 \\ \times\ 50 \\ \hline 17400 \end{array}$$

(6) $4\times729\times15=729\times4\times15$
$=729\times60$
$=43740$

$$\begin{array}{r} 4 \\ \times\ 15 \\ \hline 60 \end{array} \qquad \begin{array}{r} {}^{1\ 5}\ \ \\ 729 \\ \times\ 60 \\ \hline 43740 \end{array}$$

(7) $16\times638\times5=638\times16\times5$
$=638\times80$
$=51040$

$$\begin{array}{r} {}^{3}\ \ \\ 16 \\ \times\ 5 \\ \hline 80 \end{array} \qquad \begin{array}{r} {}^{3\ 6}\ \ \\ 638 \\ \times\ 80 \\ \hline 51040 \end{array}$$

(8) $15\times947\times6=947\times15\times6$
$=947\times90$
$=85230$

$$\begin{array}{r} {}^{3}\ \ \\ 15 \\ \times\ 6 \\ \hline 90 \end{array} \qquad \begin{array}{r} {}^{4\ 6}\ \ \\ 947 \\ \times\ 90 \\ \hline 85230 \end{array}$$

46

2 나눗셈의 완성

48p

1일차 한 자리 수로 나누기

공부한 날짜 월 일

문제 1 | 다음 나눗셈을 하고 곱셈식으로 나타내시오.

(1) 53÷3= 17 … 2

```
    1 7
 3)5 3
   3
   2 3
   2 1
     2
```

곱셈식 : 3×17+2=53

(2) 97÷2= 48 … 1

```
    4 8
 2)9 7
   8
   1 7
   1 6
     1
```

곱셈식 : 2×48+1=97

(3) 76÷4= 19 … 0

```
    1 9
 4)7 6
   4
   3 6
   3 6
     0
```

곱셈식 : 4×19=76

(4) 45÷2= 22 … 1

```
    2 2
 2)4 5
   4
     5
     4
     1
```

곱셈식 : 2×22+1=45

문제 1 〈7권, 한 자리 수로 나누는 나눗셈〉(3학년 2학기)의 복습이다. 두 자리 수를 한 자리 수로 나누는 나눗셈 풀이과정을 점검한다. 자세한 내용은 52쪽 해설을 참조하라.

48

49p

1일차 한 자리 수로 나누기

문제 2 | 다음 나눗셈을 하고 곱셈식으로 나타내시오.

(1) 637÷5= 127 … 2

```
    1 2 7
 5)6 3 7
   5
   1 3
   1 0
     3 7
     3 5
       2
```

곱셈식 : 5×127+2=637

(2) 918÷7= 131 … 1

```
    1 3 1
 7)9 1 8
   7
   2 1
   2 1
       8
       7
       1
```

곱셈식 : 7×131+1=918

(3) 759÷3= 253 … 0

```
    2 5 3
 3)7 5 9
   6
   1 5
   1 5
       9
       9
       0
```

곱셈식 : 3×253=759

(4) 948÷4= 237 … 0

```
    2 3 7
 4)9 4 8
   8
   1 4
   1 2
     2 8
     2 8
       0
```

곱셈식 : 4×237=948

문제 2 [문제 1]에 이어 나누어지는 수(피제수)가 세 자리 수일 때 나누는 수(제수)가 한 자리 수인 나눗셈 풀이과정을 점검한다. 나눗셈의 답이 나머지가 있는 경우와 없는 경우를 굳이 구분할 필요는 없다. 나누어 떨어지는 나눗셈은 나머지가 0인 특수한 나눗셈으로 인식할 수 있으면 충분하다.

49

50p

문제 3 | 다음 나눗셈을 하고 곱셈식으로 나타내시오.

(1) 117÷2= 58 … 1

```
      5 8
 2)1 1 7
   1 0
     1 7
     1 6
       1
```

곱셈식 : 2×58+1=117

(2) 349÷5= 69 … 4

```
      6 9
 5)3 4 9
   3 0
     4 9
     4 5
       4
```

곱셈식 : 5×69+4=349

(3) 570÷9= 63 … 3

```
      6 3
 9)5 7 0
   5 4
     3 0
     2 7
       3
```

곱셈식 : 9×63+3=570

(4) 284÷6= 47 … 2

```
      4 7
 6)2 8 4
   2 4
     4 4
     4 2
       2
```

곱셈식 : 6×47+2=284

문제 3 [문제 2]와 같이 나누어지는 수(피제수)가 세 자리 수이고 나누는 수(제수)가 한 자리 수인 나눗셈 풀이과정을 점검한다. 몫이 두 자리 수인 경우의 나눗셈이다.

50

51p

1일차 한 자리 수로 나누기

(5) 309÷6= 51 … 3

```
      5 1
 6)3 0 9
   3 0
       9
       6
       3
```

곱셈식 : 6×51+3=309

(6) 357÷7= 51 … 0

```
      5 1
 7)3 5 7
   3 5
       7
       7
       0
```

곱셈식 : 7×51=357

(7) 564÷8= 70 … 4

```
      7 0
 8)5 6 4
   5 6
       4
```

곱셈식 : 8×70+4=564

(8) 810÷9= 90 … 0

```
      9 0
 9)8 1 0
   8 1
       0
```

곱셈식 : 9×90=810

51

+ 정답 ÷

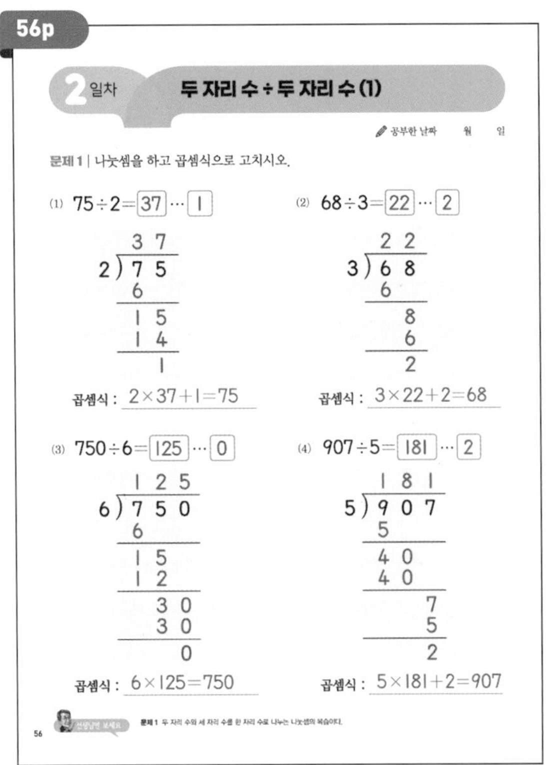
56p

2일차 두 자리 수 ÷ 두 자리 수 (1)

공부한 날짜 월 일

문제 1 | 나눗셈을 하고 곱셈식으로 고치시오.

(1) 75÷2=37…1

곱셈식 : 2×37+1=75

(2) 68÷3=22…2

곱셈식 : 3×22+2=68

(3) 750÷6=125…0

곱셈식 : 6×125=750

(4) 907÷5=181…2

곱셈식 : 5×181+2=907

문제 1 두 자리 수와 세 자리 수를 한 자리 수로 나누는 나눗셈의 복습이다.

56

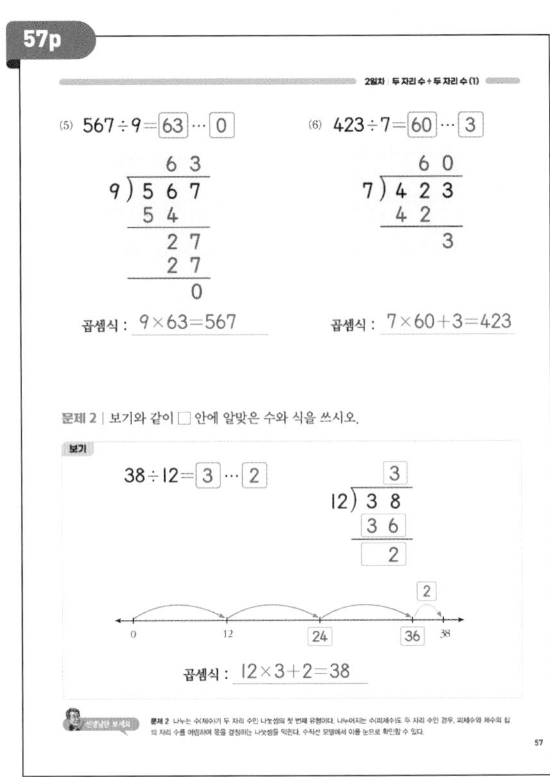
57p

2일차 두 자리 수 ÷ 두 자리 수 (1)

(5) 567÷9=63…0

곱셈식 : 9×63=567

(6) 423÷7=60…3

곱셈식 : 7×60+3=423

문제 2 | 보기와 같이 □ 안에 알맞은 수와 식을 쓰시오.

보기

38÷12=3…2

곱셈식 : 12×3+2=38

57

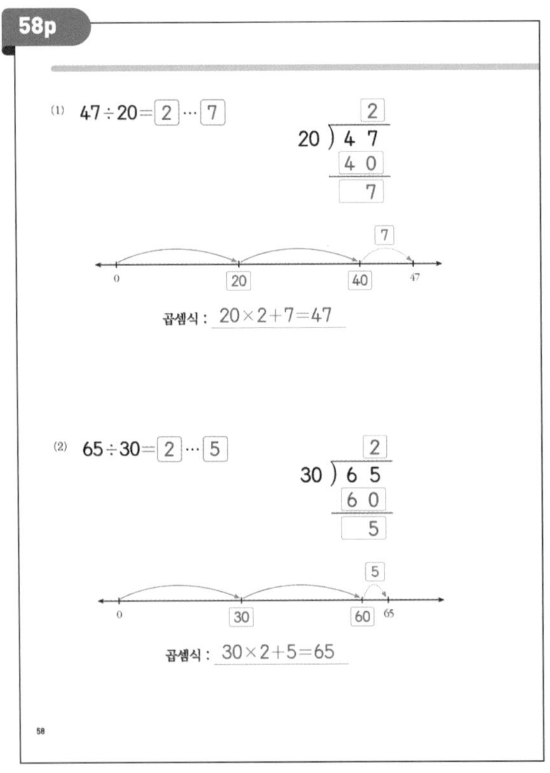
58p

(1) 47÷20=2…7

곱셈식 : 20×2+7=47

(2) 65÷30=2…5

곱셈식 : 30×2+5=65

58

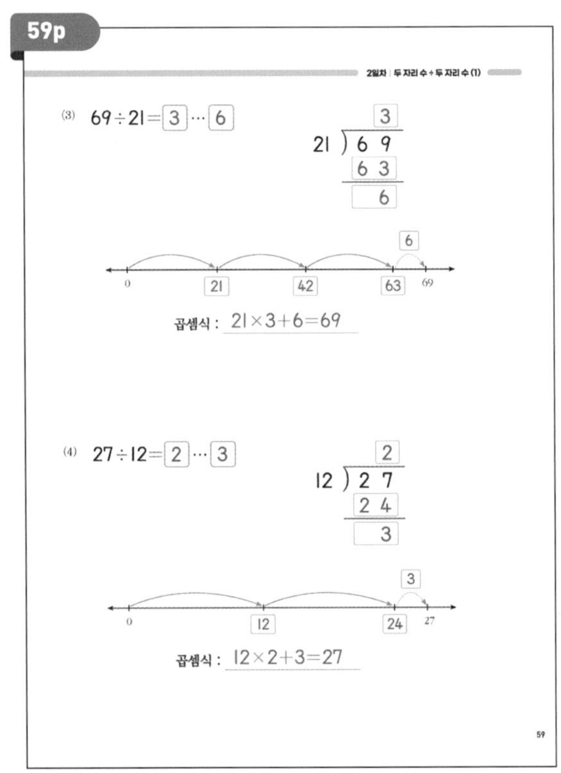
59p

2일차 두 자리 수 ÷ 두 자리 수 (1)

(3) 69÷21=3…6

곱셈식 : 21×3+6=69

(4) 27÷12=2…3

곱셈식 : 12×2+3=27

59

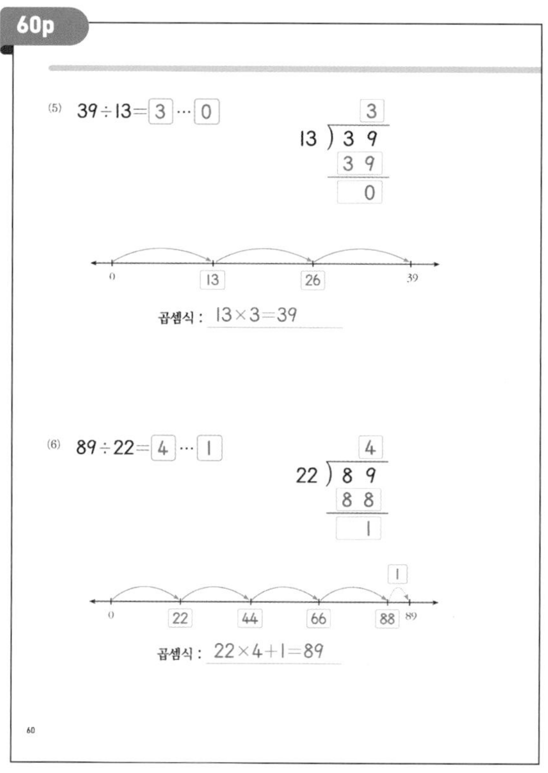

60p

(5) 39÷13=3…0

$$\begin{array}{r} 3 \\ 13\overline{)39} \\ 39 \\ \hline 0 \end{array}$$

곱셈식 : 13×3=39

(6) 89÷22=4…1

$$\begin{array}{r} 4 \\ 22\overline{)89} \\ 88 \\ \hline 1 \end{array}$$

곱셈식 : 22×4+1=89

60

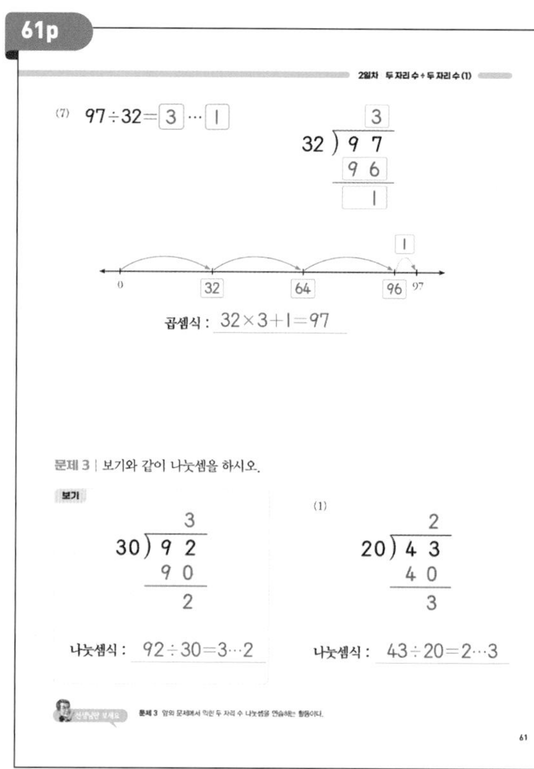

61p

2일차 두 자리 수÷두 자리 수(1)

(7) 97÷32=3…1

$$\begin{array}{r} 3 \\ 32\overline{)97} \\ 96 \\ \hline 1 \end{array}$$

곱셈식 : 32×3+1=97

문제 3 | 보기와 같이 나눗셈을 하시오.

보기

$$\begin{array}{r} 3 \\ 30\overline{)92} \\ 90 \\ \hline 2 \end{array}$$

나눗셈식 : 92÷30=3…2

(1)

$$\begin{array}{r} 2 \\ 20\overline{)43} \\ 40 \\ \hline 3 \end{array}$$

나눗셈식 : 43÷20=2…3

61

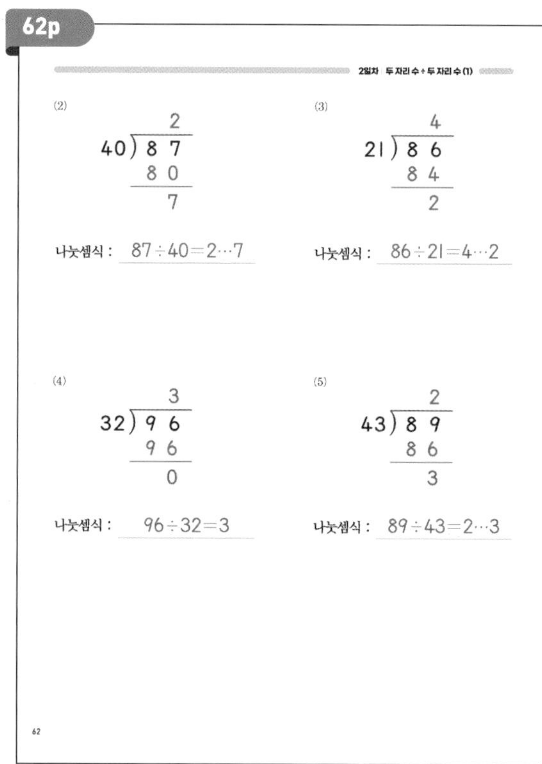

62p

2일차 두 자리 수÷두 자리 수(1)

(2)

$$\begin{array}{r} 2 \\ 40\overline{)87} \\ 80 \\ \hline 7 \end{array}$$

나눗셈식 : 87÷40=2…7

(3)

$$\begin{array}{r} 4 \\ 21\overline{)86} \\ 84 \\ \hline 2 \end{array}$$

나눗셈식 : 86÷21=4…2

(4)

$$\begin{array}{r} 3 \\ 32\overline{)96} \\ 96 \\ \hline 0 \end{array}$$

나눗셈식 : 96÷32=3

(5)

$$\begin{array}{r} 2 \\ 43\overline{)89} \\ 86 \\ \hline 3 \end{array}$$

나눗셈식 : 89÷43=2…3

62

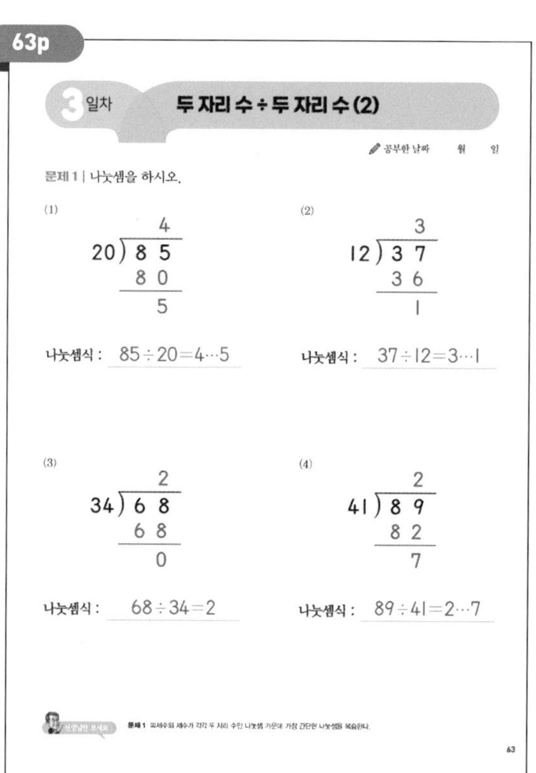

63p

3일차 두 자리 수÷두 자리 수(2)

공부한 날짜 월 일

문제 1 | 나눗셈을 하시오.

(1)

$$\begin{array}{r} 4 \\ 20\overline{)85} \\ 80 \\ \hline 5 \end{array}$$

나눗셈식 : 85÷20=4…5

(2)

$$\begin{array}{r} 3 \\ 12\overline{)37} \\ 36 \\ \hline 1 \end{array}$$

나눗셈식 : 37÷12=3…1

(3)

$$\begin{array}{r} 2 \\ 34\overline{)68} \\ 68 \\ \hline 0 \end{array}$$

나눗셈식 : 68÷34=2

(4)

$$\begin{array}{r} 2 \\ 41\overline{)89} \\ 82 \\ \hline 7 \end{array}$$

나눗셈식 : 89÷41=2…7

63

+ 정답 ÷

65p

(1)
```
     2
14)3 5
   2 8
     7
```
곱셈식 : 35=14×2+7

(2)
```
     3
23)8 1
   6 9
   1 2
```
곱셈식 : 81=23×3+12

(3)
```
     3
15)4 9
   4 5
     4
```
곱셈식 : 49=15×3+4

(4)
```
     2
24)6 3
   4 8
   1 5
```
곱셈식 : 63=24×2+15

(5)
```
     4
12)5 0
   4 8
     2
```
곱셈식 : 50=12×4+2

(6)
```
     3
28)9 3
   8 4
     9
```
곱셈식 : 93=28×3+9

66p

(7)
```
     2
34)9 5
   6 8
   2 7
```
곱셈식 : 95=34×2+27

(8)
```
     2
45)9 6
   9 0
     6
```
곱셈식 : 96=45×2+6

(9)
```
     6
13)7 8
   7 8
     0
```
곱셈식 : 78=13×6

(10)
```
     1
29)5 0
   2 9
   2 1
```
곱셈식 : 50=29×1+21

67p

문제 3 | 보기를 참고하여 나눗셈을 하고 곱셈식으로 나타내시오.

보기

89÷13= 6 ⋯ 11

```
     5 (지움)
13)8 9
   6 5
   2 4
```
나머지는 나누는 수 13보다 작아야 하는데, 24는 13보다 크니까 더 나눌 수 있네!

```
     7 (지움)
13)8 9
   9 1
```
몫이 7이면 91(13×7=91). 91은 나뉘어지는 수 89보다 크니까, 7은 몫이 될 수가 없네!

그래서 몫은 6이야.

```
     6
13)8 9
   7 8
   1 1
```

(1)
```
     4
14)6 7
   5 6
   1 1
```
곱셈식 : 67=14×4+11

(2)
```
     5
13)7 2
   6 5
     7
```
곱셈식 : 72=13×5+7

선생님만 보세요

문제 3 피제수와 제수가 각각 두 자리 수인 나눗셈을 연습한다. 몫을 결정할 때 적절한 어림셈이 필요한 문제들이다. 나눗셈 결과를 곱셈식으로 나타내며 검산과 함께 곱셈과 나눗셈의 관계에 대한 이해의 폭을 넓힌다.

68p

(3)
```
     5
15)7 5
   7 5
     0
```
곱셈식 : 75=15×5

(4)
```
     3
14)5 2
   4 2
   1 0
```
곱셈식 : 52=14×3+10

(5)
```
     6
12)8 1
   7 2
     9
```
곱셈식 : 81=12×6+9

(6)
```
     4
13)6 0
   5 2
     8
```
곱셈식 : 60=13×4+8

(7)
```
     6
14)9 1
   8 4
     7
```
곱셈식 : 91=14×6+7

(8)
```
     3
15)5 3
   4 5
     8
```
곱셈식 : 53=15×3+8

72p

4일차 세 자리 수 ÷ 두 자리 수 (1)

공부한 날짜 월 일

문제 1 | 나눗셈을 하고 곱셈식으로 나타내시오.

(1) 25)63 → 몫 2, 50, 13

곱셈식 : 63=25×2+13

(2) 37)71 → 몫 1, 37, 34

곱셈식 : 71=37×1+34

(3) 19)57 → 몫 3, 57, 0

곱셈식 : 57=19×3

(4) 14)82 → 몫 5, 70, 12

곱셈식 : 82=14×5+12

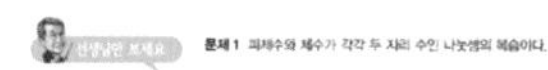

문제 1 피제수와 제수가 각각 두 자리 수인 나눗셈의 복습이다.

73p

문제 2 | 보기를 참고하여 나눗셈을 하시오.

보기

439÷18=24…7

18)439 → 18)439 (몫 2, 36, 7) → 18)439 (몫 2, 36, 79) → 18)439 (몫 24, 36, 79, 72, 7)

(1) 487÷20=24…7

20)487 → 몫 24, 40, 87, 80, 7

(2) 974÷30=32…14

30)974 → 몫 32, 90, 74, 60, 14

문제 2 세 자리 수를 두 자리 수로 나누는 나눗셈에서 두 자리의 수의 몫을 결정하는 과정을 보기로 제시하여 두 단계의 나눗셈 절차를 익히는 활동이다.

74p

(3) 297÷14=21…3

14)297 → 몫 21, 28, 17, 14, 3

(4) 934÷42=22…10

42)934 → 몫 22, 84, 94, 84, 10

(5) 374÷15=24…14

15)374 → 몫 24, 30, 74, 60, 14

(6) 729÷34=21…15

34)729 → 몫 21, 68, 49, 34, 15

75p

(7) 736÷23=32…0

23)736 → 몫 32, 69, 46, 46, 0

(8) 900÷27=33…9

27)900 → 몫 33, 81, 90, 81, 9

(9) 688÷16=43…0

16)688 → 몫 43, 64, 48, 48, 0

(10) 934÷17=54…16

17)934 → 몫 54, 85, 84, 68, 16

+ 정답 ÷

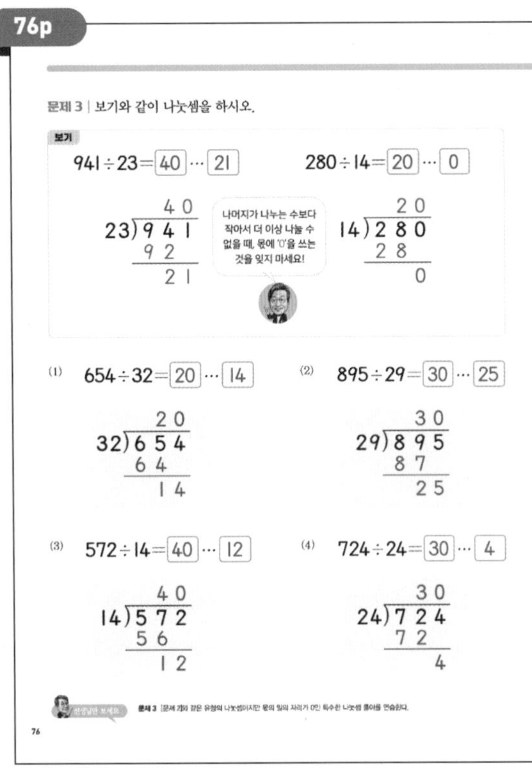

76p
문제 3 | 보기와 같이 나눗셈을 하시오.
941÷23=40…21
280÷14=20…0
나머지가 나누는 수보다 작아서 더 이상 나눌 수 없을 때, 몫에 '0'을 쓰는 것을 잊지 마세요!
(1) 654÷32=20…14
(2) 895÷29=30…25
(3) 572÷14=40…12
(4) 724÷24=30…4

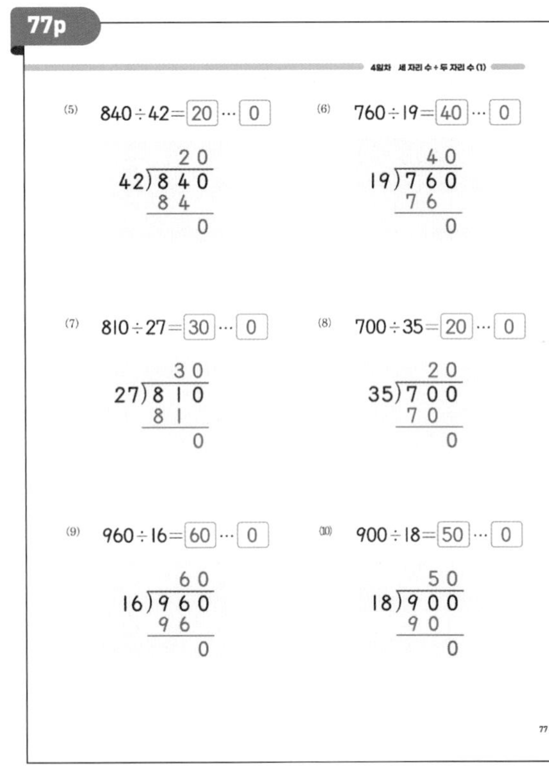

77p
(5) 840÷42=20…0
(6) 760÷19=40…0
(7) 810÷27=30…0
(8) 700÷35=20…0
(9) 960÷16=60…0
(10) 900÷18=50…0

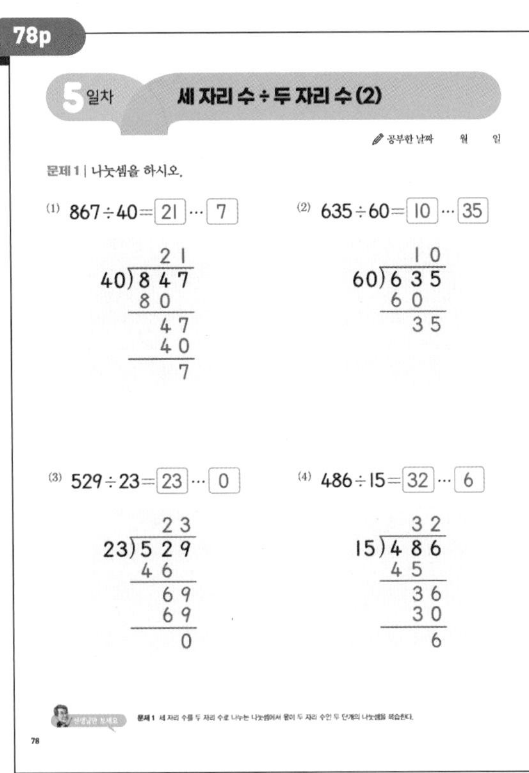

78p
5일차 세 자리 수÷두 자리 수 (2)
문제 1 | 나눗셈을 하시오.
(1) 867÷40=21…7
(2) 635÷60=10…35
(3) 529÷23=23…0
(4) 486÷15=32…6

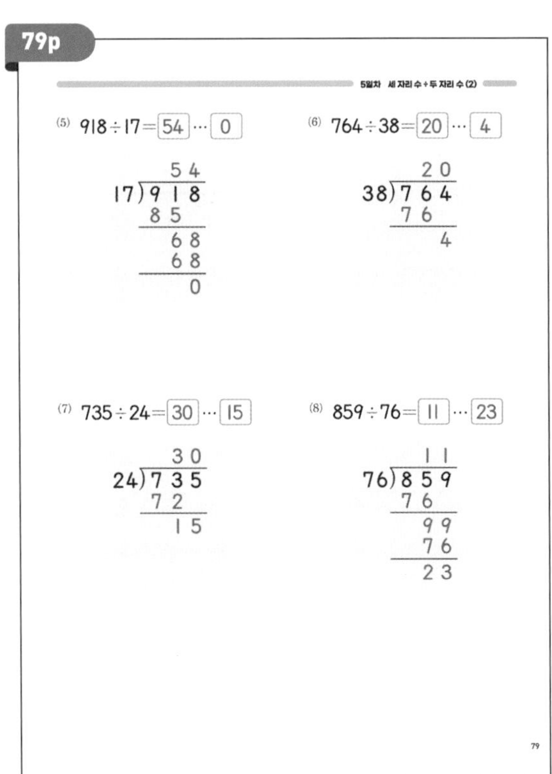

79p
(5) 918÷17=54…0
(6) 764÷38=20…4
(7) 735÷24=30…15
(8) 859÷76=11…23

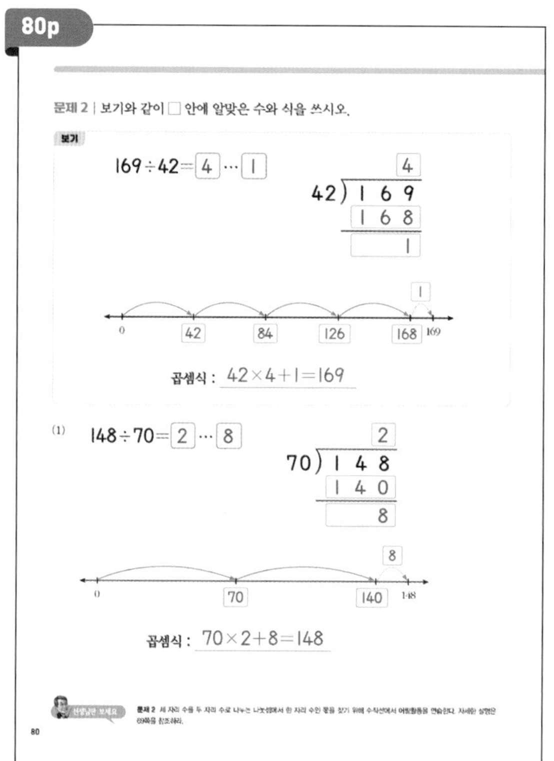

80p

문제 2 | 보기와 같이 □ 안에 알맞은 수와 식을 쓰시오.

보기

169÷42=4…1

$$\begin{array}{r} 4 \\ 42\overline{)169} \\ 168 \\ \hline 1 \end{array}$$

0, 42, 84, 126, 168, 169 (1)

곱셈식 : 42×4+1=169

(1) 148÷70=2…8

$$\begin{array}{r} 2 \\ 70\overline{)148} \\ 140 \\ \hline 8 \end{array}$$

0, 70, 140, 148 (8)

곱셈식 : 70×2+8=148

80

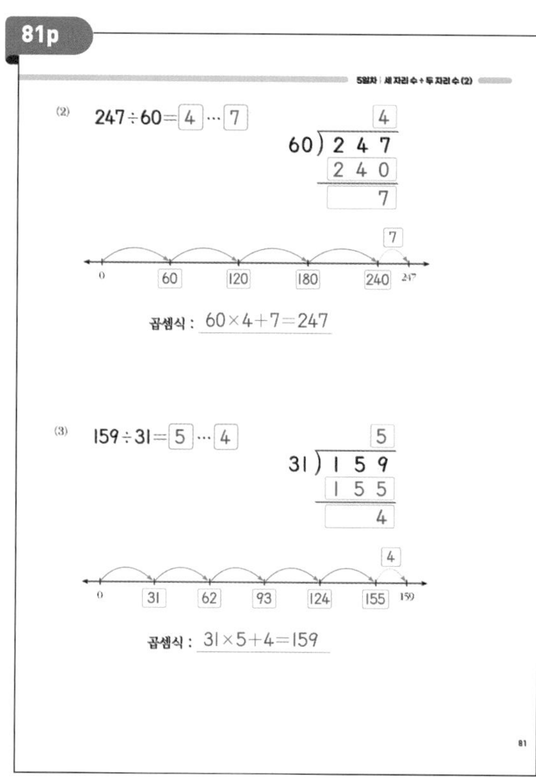

81p

5일차 | 세 자리 수÷두 자리 수 (2)

(2) 247÷60=4…7

$$\begin{array}{r} 4 \\ 60\overline{)247} \\ 240 \\ \hline 7 \end{array}$$

0, 60, 120, 180, 240, 247 (7)

곱셈식 : 60×4+7=247

(3) 159÷31=5…4

$$\begin{array}{r} 5 \\ 31\overline{)159} \\ 155 \\ \hline 4 \end{array}$$

0, 31, 62, 93, 124, 155, 159 (4)

곱셈식 : 31×5+4=159

81

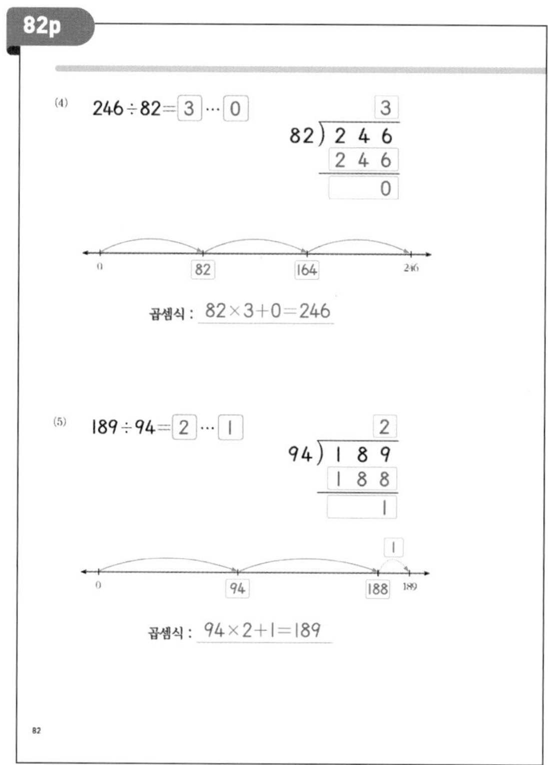

82p

(4) 246÷82=3…0

$$\begin{array}{r} 3 \\ 82\overline{)246} \\ 246 \\ \hline 0 \end{array}$$

0, 82, 164, 246

곱셈식 : 82×3+0=246

(5) 189÷94=2…1

$$\begin{array}{r} 2 \\ 94\overline{)189} \\ 188 \\ \hline 1 \end{array}$$

0, 94, 188, 189 (1)

곱셈식 : 94×2+1=189

82

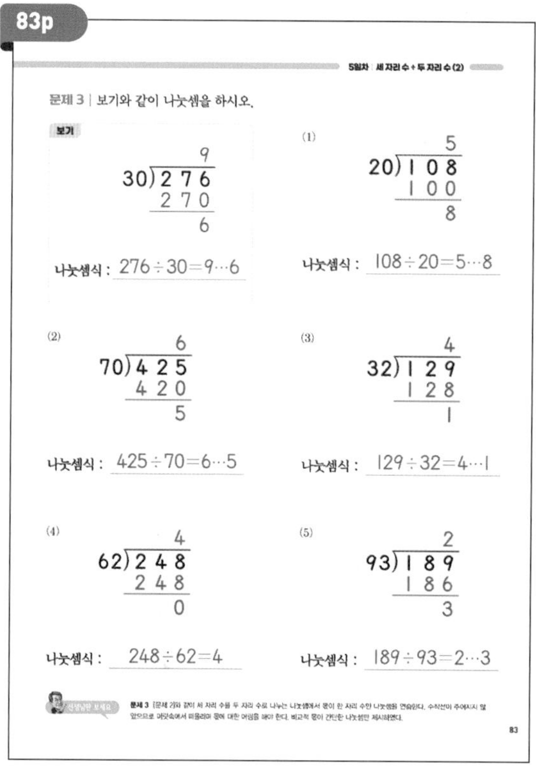

83p

5일차 | 세 자리 수÷두 자리 수 (2)

문제 3 | 보기와 같이 나눗셈을 하시오.

보기

$$\begin{array}{r} 9 \\ 30\overline{)276} \\ 270 \\ \hline 6 \end{array}$$

나눗셈식 : 276÷30=9…6

(1)

$$\begin{array}{r} 5 \\ 20\overline{)108} \\ 100 \\ \hline 8 \end{array}$$

나눗셈식 : 108÷20=5…8

(2)

$$\begin{array}{r} 6 \\ 70\overline{)425} \\ 420 \\ \hline 5 \end{array}$$

나눗셈식 : 425÷70=6…5

(3)

$$\begin{array}{r} 4 \\ 32\overline{)129} \\ 128 \\ \hline 1 \end{array}$$

나눗셈식 : 129÷32=4…1

(4)

$$\begin{array}{r} 4 \\ 62\overline{)248} \\ 248 \\ \hline 0 \end{array}$$

나눗셈식 : 248÷62=4

(5)

$$\begin{array}{r} 2 \\ 93\overline{)189} \\ 186 \\ \hline 3 \end{array}$$

나눗셈식 : 189÷93=2…3

83

+ 정답 ÷

84p

6일차 세 자리 수÷두 자리 수 (3)

공부한 날짜 월 일

문제 1 | 나눗셈을 하시오.

(1) 60)367 → 몫 6, 360, 나머지 7

나눗셈식 : 367÷60=6…7

(2) 80)643 → 몫 8, 640, 나머지 3

나눗셈식 : 643÷80=8…3

(3) 54)109 → 몫 2, 108, 나머지 1

나눗셈식 : 109÷54=2…1

(4) 93)279 → 몫 3, 279, 나머지 0

나눗셈식 : 279÷93=3

문제 1 세 자리 수를 두 자리 수로 나누는 나눗셈에서 몫이 한 자리 수인 나눗셈을 복습한다.

84

86p

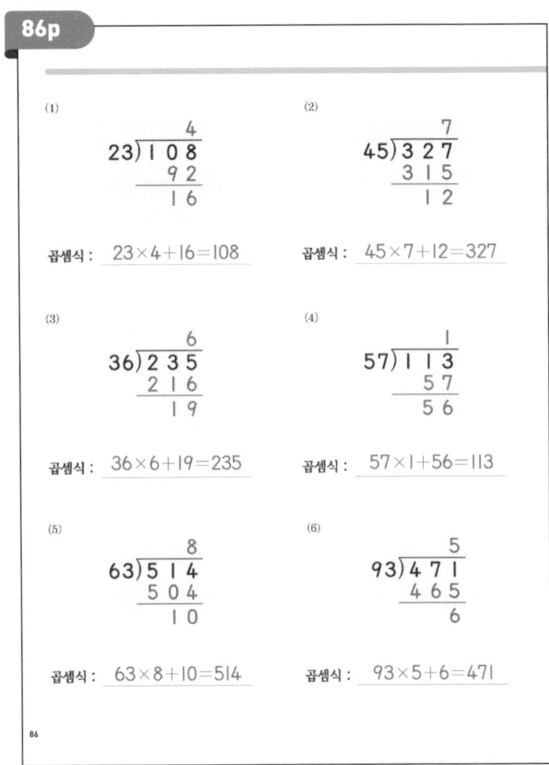

(1) 23)108 → 몫 4, 92, 나머지 16

곱셈식 : 23×4+16=108

(2) 45)327 → 몫 7, 315, 나머지 12

곱셈식 : 45×7+12=327

(3) 36)235 → 몫 6, 216, 나머지 19

곱셈식 : 36×6+19=235

(4) 57)113 → 몫 1, 57, 나머지 56

곱셈식 : 57×1+56=113

(5) 63)514 → 몫 8, 504, 나머지 10

곱셈식 : 63×8+10=514

(6) 93)471 → 몫 5, 465, 나머지 6

곱셈식 : 93×5+6=471

86

87p

6일차 세 자리 수÷두 자리 수 (3)

(7) 85)629 → 몫 7, 595, 나머지 34

곱셈식 : 85×7+34=629

(8) 97)138 → 몫 1, 97, 나머지 41

곱셈식 : 97×1+41=138

(9) 49)305 → 몫 6, 294, 나머지 11

곱셈식 : 49×6+11=305

(10) 72)500 → 몫 6, 432, 나머지 68

곱셈식 : 72×6+68=500

87

88p

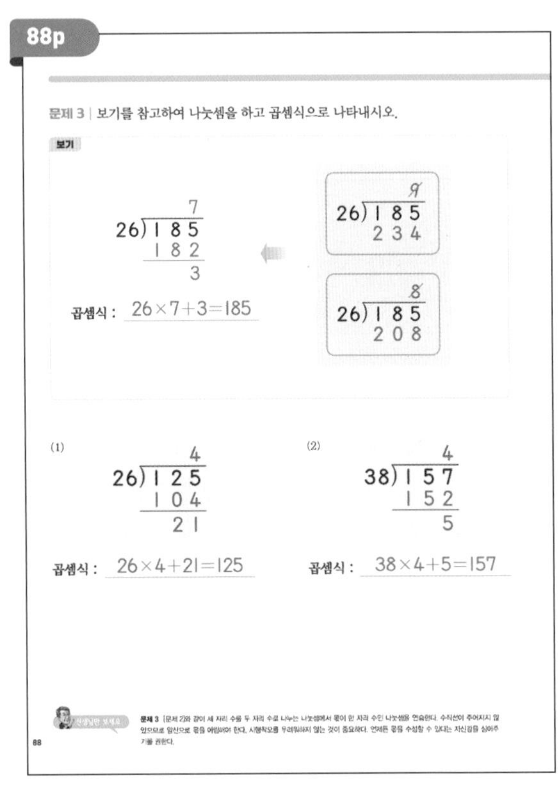

문제 3 | 보기를 참고하여 나눗셈을 하고 곱셈식으로 나타내시오.

보기

26)185 → 몫 7, 182, 나머지 3

곱셈식 : 26×7+3=185

26)185 → 9, 234

26)185 → 8, 208

(1) 26)125 → 몫 4, 104, 나머지 21

곱셈식 : 26×4+21=125

(2) 38)157 → 몫 4, 152, 나머지 5

곱셈식 : 38×4+5=157

88

89p

(3)

$$\begin{array}{r} 6 \\ 47\overline{)318} \\ 282 \\ \hline 36 \end{array}$$

곱셈식 : $47\times6+36=318$

(4)

$$\begin{array}{r} 7 \\ 39\overline{)273} \\ 273 \\ \hline 0 \end{array}$$

곱셈식 : $39\times7=273$

(5)

$$\begin{array}{r} 5 \\ 26\overline{)154} \\ 130 \\ \hline 24 \end{array}$$

곱셈식 : $26\times5+24=154$

(6)

$$\begin{array}{r} 8 \\ 16\overline{)135} \\ 128 \\ \hline 7 \end{array}$$

곱셈식 : $16\times8+7=135$

(7)

$$\begin{array}{r} 6 \\ 17\overline{)102} \\ 102 \\ \hline 0 \end{array}$$

곱셈식 : $17\times6=102$

(8)

$$\begin{array}{r} 5 \\ 19\overline{)103} \\ 95 \\ \hline 8 \end{array}$$

곱셈식 : $19\times5+8=103$

90p

7일차 큰 수의 나눗셈 (1)

 공부한 날짜 월 일

문제 1 | 나눗셈을 하고 곱셈식으로 나타내시오.

(1)

$$\begin{array}{r} 8 \\ 16\overline{)128} \\ 128 \\ \hline 0 \end{array}$$

곱셈식 : $16\times8=128$

(2)

$$\begin{array}{r} 4 \\ 27\overline{)129} \\ 108 \\ \hline 21 \end{array}$$

곱셈식 : $27\times4+21=129$

(3)

$$\begin{array}{r} 8 \\ 58\overline{)476} \\ 464 \\ \hline 12 \end{array}$$

곱셈식 : $58\times8+12=476$

(4)

$$\begin{array}{r} 8 \\ 92\overline{)801} \\ 736 \\ \hline 65 \end{array}$$

곱셈식 : $92\times8+65=801$

선생님만 보세요 **문제 1** 세 자리 수를 두 자리 수로 나누는 나눗셈 가운데 몫이 한 자리 수인 나눗셈을 복습한다.

91p

문제 2 | 보기와 같이 나눗셈을 하시오.

보기

$587\div46=$ [12] … [35]

$$\begin{array}{r} 12 \\ 46\overline{)587} \\ 46 \\ \hline 127 \\ 92 \\ \hline 35 \end{array}$$

(1)

$769\div32=$ [24] … [1]

$$\begin{array}{r} 24 \\ 32\overline{)769} \\ 64 \\ \hline 129 \\ 128 \\ \hline 1 \end{array}$$

(2)

$498\div13=$ [38] … [4]

$$\begin{array}{r} 38 \\ 13\overline{)498} \\ 39 \\ \hline 108 \\ 104 \\ \hline 4 \end{array}$$

(3)

$623\div24=$ [25] … [23]

$$\begin{array}{r} 25 \\ 24\overline{)623} \\ 48 \\ \hline 143 \\ 120 \\ \hline 23 \end{array}$$

선생님만 보세요 **문제 2** 세 자리 수를 두 자리 수로 나누는 나눗셈에서 몫이 두 자리 수인 나눗셈을 연습한다. 보기에서와 같이 두 자리 수를 두 자리 수로 나누는 나눗셈을 두 번 거듭하면 된다. 그리 어렵지 않은 나눗셈이다.

92p

(4)

$870\div15=$ [58] … [0]

$$\begin{array}{r} 58 \\ 15\overline{)870} \\ 75 \\ \hline 120 \\ 120 \\ \hline 0 \end{array}$$

(5)

$729\div46=$ [15] … [3]

$$\begin{array}{r} 15 \\ 46\overline{)729} \\ 46 \\ \hline 269 \\ 230 \\ \hline 39 \end{array}$$

(6)

$765\div28=$ [27] … [9]

$$\begin{array}{r} 27 \\ 28\overline{)765} \\ 56 \\ \hline 205 \\ 196 \\ \hline 9 \end{array}$$

(7)

$912\div57=$ [16] … [0]

$$\begin{array}{r} 16 \\ 57\overline{)912} \\ 57 \\ \hline 342 \\ 342 \\ \hline 0 \end{array}$$

정답

93p

(8) 512÷27=18…26

```
      1 8
27) 5 1 2
    2 7
    2 4 2
    2 1 6
      2 6
```

(9) 834÷69=12…6

```
      1 2
69) 8 3 4
    6 9
    1 4 4
    1 3 8
        6
```

문제 3 | 보기와 같이 나눗셈을 하시오.

보기

2597÷46=56…21

```
        5 6
46) 2 5 9 7
    2 3 0
      2 9 7
      2 7 6
        2 1
```

(1) 1245÷32=38…29

```
        3 8
32) 1 2 4 5
      9 6
      2 8 5
      2 5 6
        2 9
```


94p

(2) 1076÷28=38…12

```
        3 8
28) 1 0 7 6
      8 4
      2 3 6
      2 2 4
        1 2
```

(3) 2397÷47=51…0

```
        5 1
47) 2 3 9 7
    2 3 5
        4 7
        4 7
          0
```

(4) 4485÷63=71…12

```
        7 1
63) 4 4 8 5
    4 4 1
        7 5
        6 3
        1 2
```

(5) 6137÷95=64…57

```
        6 4
95) 6 1 3 7
    5 7 0
      4 3 7
      3 8 0
        5 7
```


95p

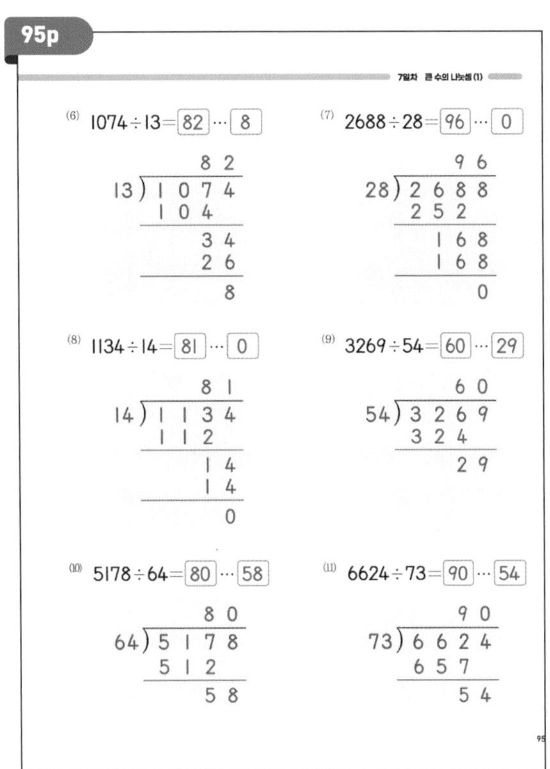

(6) 1074÷13=82…8

```
        8 2
13) 1 0 7 4
    1 0 4
        3 4
        2 6
          8
```

(7) 2688÷28=96…0

```
        9 6
28) 2 6 8 8
    2 5 2
      1 6 8
      1 6 8
          0
```

(8) 1134÷14=81…0

```
        8 1
14) 1 1 3 4
    1 1 2
        1 4
        1 4
          0
```

(9) 3269÷54=60…29

```
        6 0
54) 3 2 6 9
    3 2 4
        2 9
```

(10) 5178÷64=80…58

```
        8 0
64) 5 1 7 8
    5 1 2
        5 8
```

(11) 6624÷73=90…54

```
        9 0
73) 6 6 2 4
    6 5 7
        5 4
```


96p

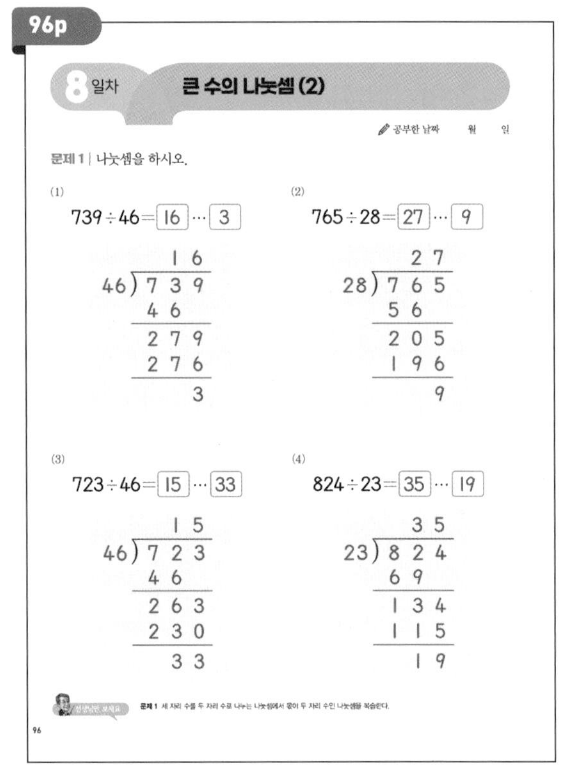

8일차 큰 수의 나눗셈 (2)

공부한 날짜 월 일

문제 1 | 나눗셈을 하시오.

(1) 739÷46=16…3

```
      1 6
46) 7 3 9
    4 6
    2 7 9
    2 7 6
        3
```

(2) 765÷28=27…9

```
      2 7
28) 7 6 5
    5 6
    2 0 5
    1 9 6
        9
```

(3) 723÷46=15…33

```
      1 5
46) 7 2 3
    4 6
    2 6 3
    2 3 0
      3 3
```

(4) 824÷23=35…19

```
      3 5
23) 8 2 4
    6 9
    1 3 4
    1 1 5
      1 9
```

97p

(5) 6137÷95=64…57

```
      6 4
95)6 1 3 7
   5 7 0
   4 3 7
   3 8 0
     5 7
```

(6) 1074÷13=82…8

```
      8 2
13)1 0 7 4
   1 0 4
      3 4
      2 6
        8
```

(7) 2688÷28=96…0

```
      9 6
28)2 6 8 8
   2 5 2
     1 6 8
     1 6 8
         0
```

(8) 3269÷54=60…29

```
      6 0
54)3 2 6 9
   3 2 4
      2 9
```


98p

(9) 5402÷77=70…12

```
      7 0
77)5 4 0 2
   5 3 9
      1 2
```

(10) 7740÷86=90…0

```
      9 0
86)7 7 4 0
   7 7 4
        0
```

문제 2 | 보기와 같이 나눗셈을 하시오.

보기

3486÷14=249…0

```
      2 4 9
14)3 4 8 6
   2 8
     6 8
     5 6
     1 2 6
     1 2 6
         0
```

(1) 5617÷13=432…1

```
      4 3 2
13)5 6 1 7
   5 2
     4 1
     3 9
       2 7
       2 6
         1
```

선생님만 보세요 문제 2 네 자리 수를 두 자리 수로 나누는 나눗셈에서 몫이 세 자리 수인 나눗셈을 연습한다. 보기에서와 같이 먼저 두 자리 수를 두 자리 수로 나누는 나눗셈에서 시작한다. 그리 어렵지 않은 나눗셈이다.

99p

(2) 3982÷26=153…4

```
      1 5 3
26)3 9 8 2
   2 6
   1 3 8
   1 3 0
       8 2
       7 8
         4
```

(3) 4028÷19=212…0

```
      2 1 2
19)4 0 2 8
   3 8
     2 2
     1 9
       3 8
       3 8
         0
```

(4) 9025÷25=361…0

```
      3 6 1
25)9 0 2 5
   7 5
   1 5 2
   1 5 0
       2 5
       2 5
         0
```

(5) 9486÷62=153…0

```
      1 5 3
62)9 4 8 6
   6 2
   3 2 8
   3 1 0
     1 8 6
     1 8 6
         0
```


100p

(6) 7915÷48=164…43

```
      1 6 4
48)7 9 1 5
   4 8
   3 1 1
   2 8 8
     2 3 5
     1 9 2
       4 3
```

(7) 8646÷37=233…25

```
      2 3 3
37)8 6 4 6
   7 4
   1 2 4
   1 1 1
     1 3 6
     1 1 1
       2 5
```

문제 3 | 보기와 같이 나눗셈을 하시오.

보기

2458÷23=106…20

```
      1 0 6
23)2 4 5 8
   2 3
     1 5 8
     1 3 8
       2 0
```

5613÷14=400…13

```
      4 0 0
14)5 6 1 3
   5 6
       1 3
```

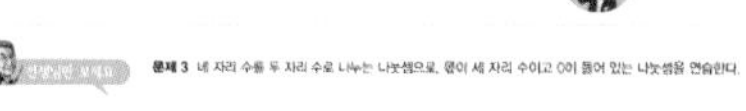

선생님만 보세요 문제 3 네 자리 수를 두 자리 수로 나누는 나눗셈으로, 몫이 세 자리 수이고 0이 들어 있는 나눗셈을 연습한다.

정답

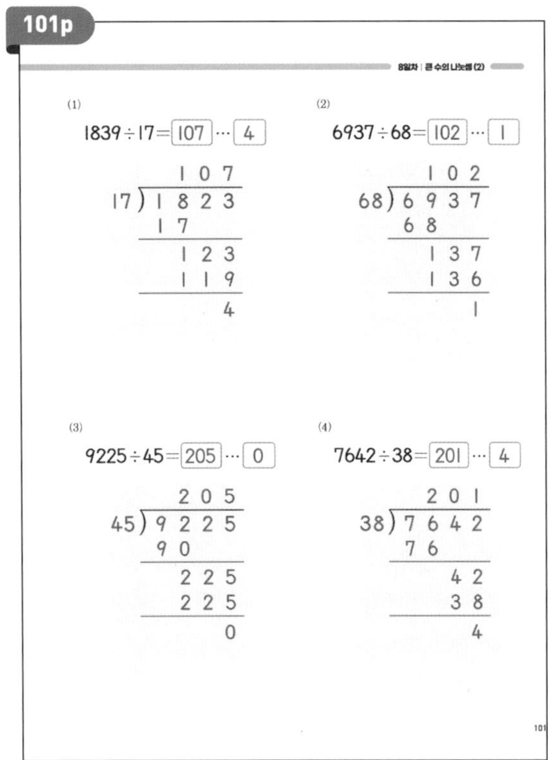

101p

8일차 | 큰 수의 나눗셈 (2)

(1) 1839÷17=107 ··· 4

```
      1 0 7
17 ) 1 8 2 3
     1 7
       1 2 3
       1 1 9
           4
```

(2) 6937÷68=102 ··· 1

```
      1 0 2
68 ) 6 9 3 7
     6 8
       1 3 7
       1 3 6
           1
```

(3) 9225÷45=205 ··· 0

```
      2 0 5
45 ) 9 2 2 5
     9 0
       2 2 5
       2 2 5
           0
```

(4) 7642÷38=201 ··· 4

```
      2 0 1
38 ) 7 6 4 2
     7 6
         4 2
         3 8
           4
```

101

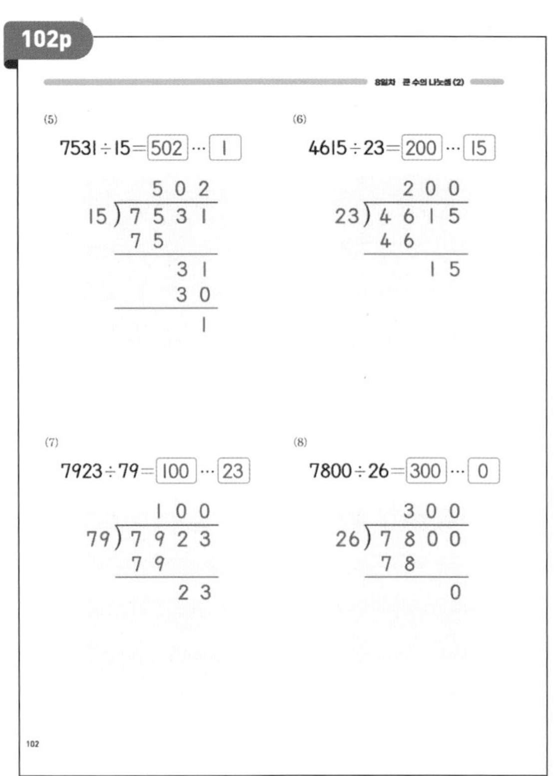

102p

8일차 큰 수의 나눗셈 (2)

(5) 7531÷15=502 ··· 1

```
      5 0 2
15 ) 7 5 3 1
     7 5
         3 1
         3 0
           1
```

(6) 4615÷23=200 ··· 15

```
      2 0 0
23 ) 4 6 1 5
     4 6
         1 5
```

(7) 7923÷79=100 ··· 23

```
      1 0 0
79 ) 7 9 2 3
     7 9
         2 3
```

(8) 7800÷26=300 ··· 0

```
      3 0 0
26 ) 7 8 0 0
     7 8
           0
```

102

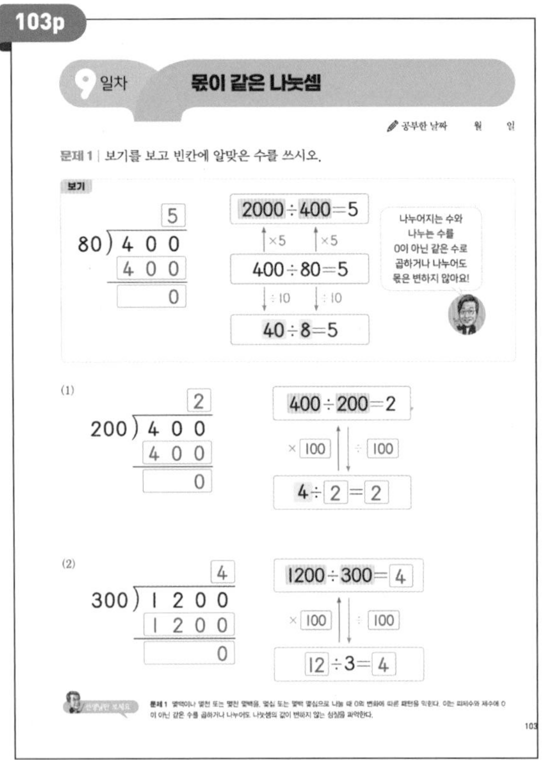

103p

9일차 묶이 같은 나눗셈

공부한 날짜 월 일

문제 1 | 보기를 보고 빈칸에 알맞은 수를 쓰시오.

보기

```
         5
80 ) 4 0 0
     4 0 0
         0
```

2000÷400=5 (×5, ×5) 400÷80=5 (÷10, ÷10) 40÷8=5

나누어지는 수와 나누는 수를 0이 아닌 같은 수로 곱하거나 나누어도 몫은 변하지 않아요!

(1)

```
          2
200 ) 4 0 0
      4 0 0
          0
```

400÷200=2 (×100, ÷100) 4÷2=2

(2)

```
            4
300 ) 1 2 0 0
      1 2 0 0
            0
```

1200÷300=4 (×100, ÷100) 12÷3=4

103

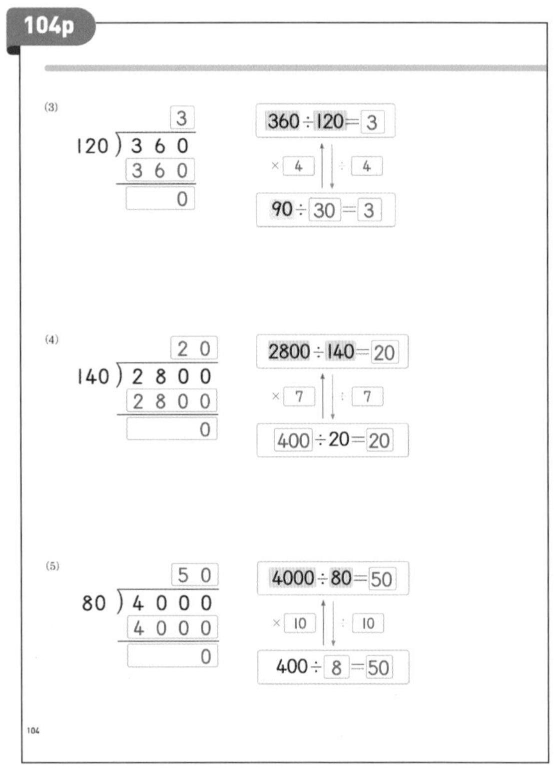

104p

(3)

```
          3
120 ) 3 6 0
      3 6 0
          0
```

360÷120=3 (×4, ÷4) 90÷30=3

(4)

```
           2 0
140 ) 2 8 0 0
      2 8 0 0
            0
```

2800÷140=20 (×7, ÷7) 400÷20=20

(5)

```
          5 0
80 ) 4 0 0 0
     4 0 0 0
           0
```

4000÷80=50 (×10, ÷10) 400÷8=50

104

105p

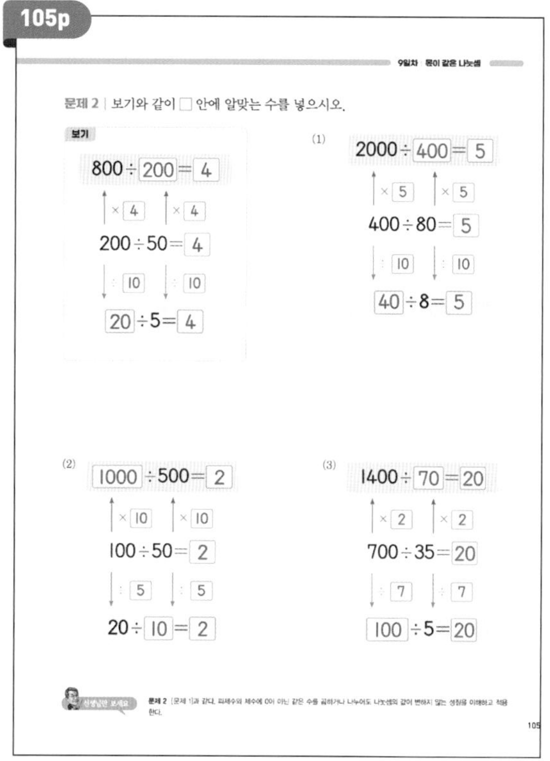

문제 2 | 보기와 같이 □ 안에 알맞는 수를 넣으시오.

보기

800 ÷ 200 = 4
(×4, ×4)
200 ÷ 50 = 4
(÷10, ÷10)
20 ÷ 5 = 4

(1)
2000 ÷ 400 = 5
(×5, ×5)
400 ÷ 80 = 5
(÷10, ÷10)
40 ÷ 8 = 5

(2)
1000 ÷ 500 = 2
(×10, ×10)
100 ÷ 50 = 2
(÷5, ÷5)
20 ÷ 10 = 2

(3)
1400 ÷ 70 = 20
(×2, ×2)
700 ÷ 35 = 20
(÷7, ÷7)
100 ÷ 5 = 20

106p

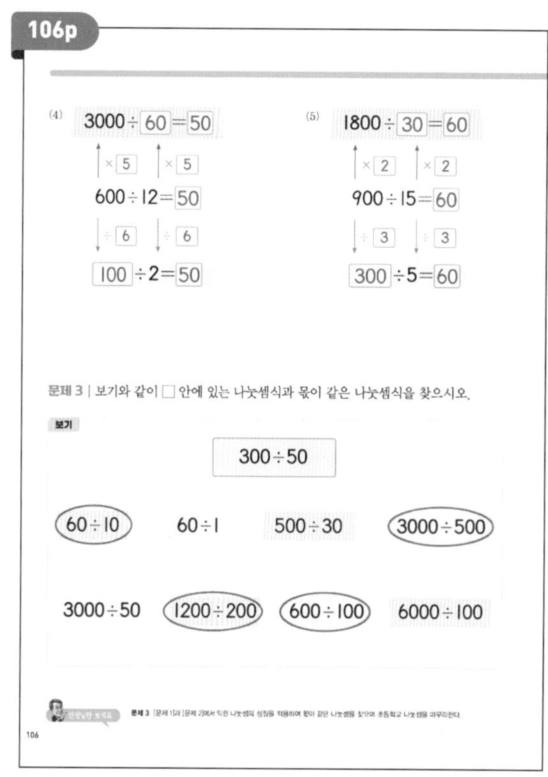

(4)
3000 ÷ 60 = 50
(×5, ×5)
600 ÷ 12 = 50
(÷6, ÷6)
100 ÷ 2 = 50

(5)
1800 ÷ 30 = 60
(×2, ×2)
900 ÷ 15 = 60
(÷3, ÷3)
300 ÷ 5 = 60

문제 3 | 보기와 같이 □ 안에 있는 나눗셈식과 몫이 같은 나눗셈식을 찾으시오.

보기

300 ÷ 50

60 ÷ 10 60 ÷ 1 500 ÷ 30 **3000 ÷ 500**

3000 ÷ 50 **1200 ÷ 200** **600 ÷ 100** 6000 ÷ 100

107p

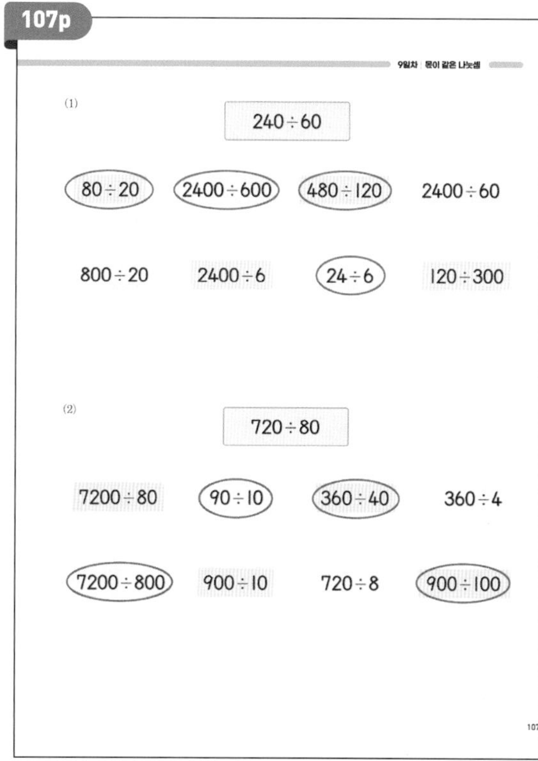

(1)

240 ÷ 60

80 ÷ 20 **2400 ÷ 600** **480 ÷ 120** 2400 ÷ 60

800 ÷ 20 2400 ÷ 6 **24 ÷ 6** 120 ÷ 300

(2)

720 ÷ 80

7200 ÷ 80 **90 ÷ 10** **360 ÷ 40** 360 ÷ 4

7200 ÷ 800 900 ÷ 10 720 ÷ 8 **900 ÷ 100**

108p

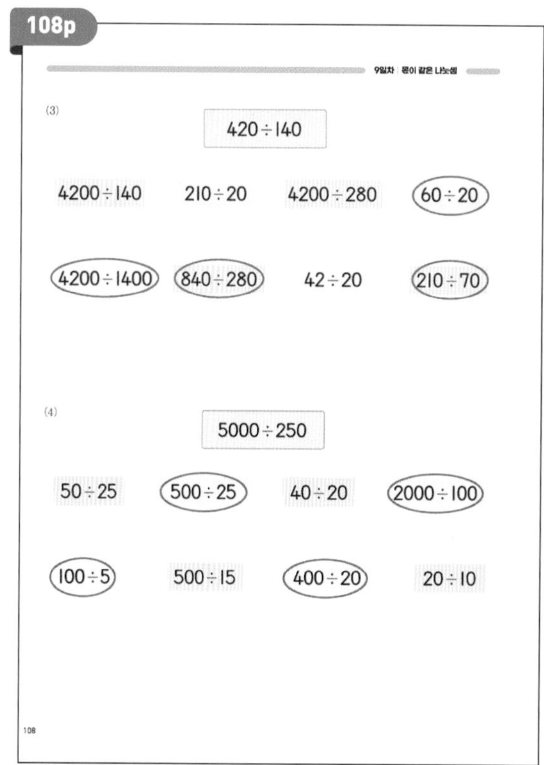

(3)

420 ÷ 140

4200 ÷ 140 210 ÷ 20 4200 ÷ 280 **60 ÷ 20**

4200 ÷ 1400 **840 ÷ 280** 42 ÷ 20 **210 ÷ 70**

(4)

5000 ÷ 250

50 ÷ 25 **500 ÷ 25** 40 ÷ 20 **2000 ÷ 100**

100 ÷ 5 500 ÷ 15 **400 ÷ 20** 20 ÷ 10

정답

3 자연수의 혼합계산

110p

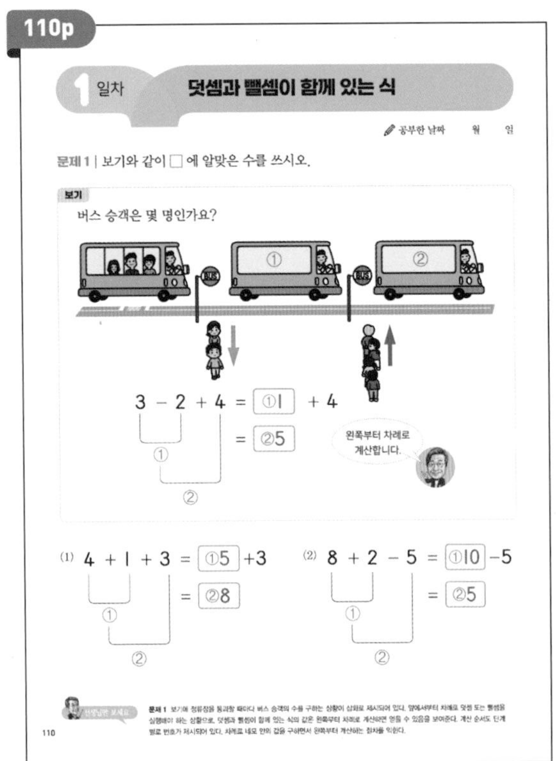

1일차 덧셈과 뺄셈이 함께 있는 식

공부한 날짜 월 일

문제 1 | 보기와 같이 □에 알맞은 수를 쓰시오.

보기

버스 승객은 몇 명인가요?

3 − 2 + 4 = ①1 + 4

= ②5

왼쪽부터 차례로 계산합니다.

(1) 4 + 1 + 3 = ①5 +3

= ②8

(2) 8 + 2 − 5 = ①10 −5

= ②5

111p

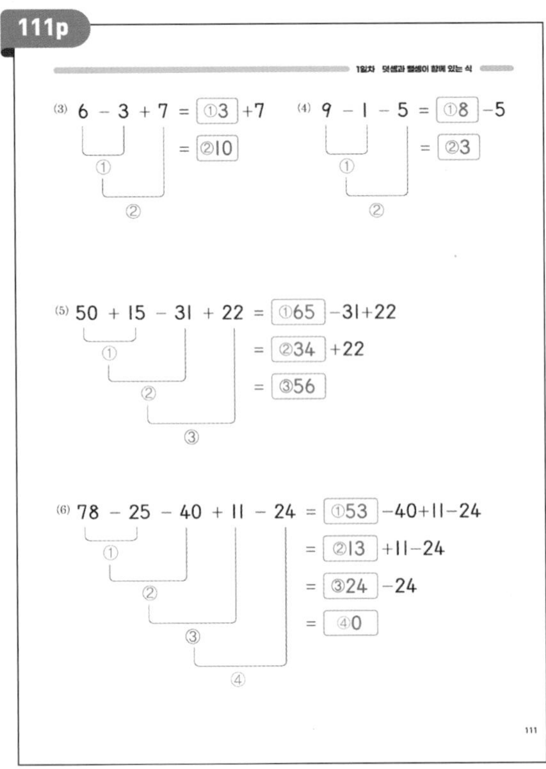

1일차 덧셈과 뺄셈이 함께 있는 식

(3) 6 − 3 + 7 = ①3 +7

= ②10

(4) 9 − 1 − 5 = ①8 −5

= ②3

(5) 50 + 15 − 31 + 22 = ①65 −31+22

= ②34 +22

= ③56

(6) 78 − 25 − 40 + 11 − 24 = ①53 −40+11−24

= ②13 +11−24

= ③24 −24

= ④0

112p

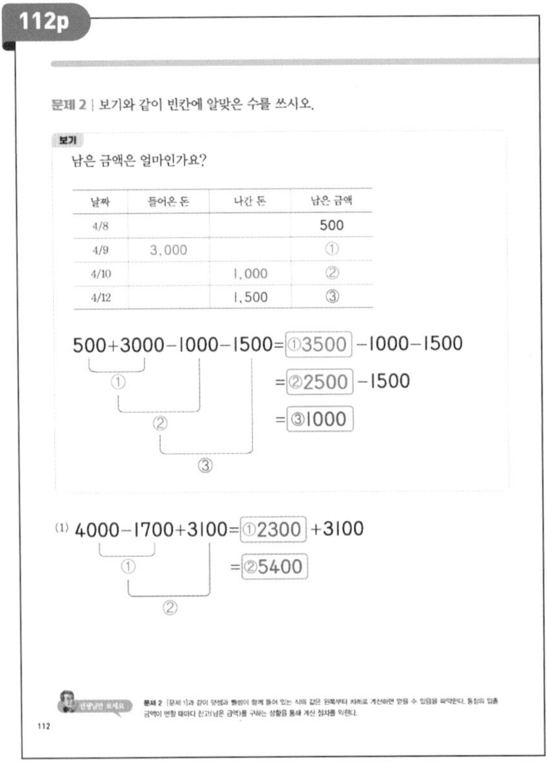

문제 2 | 보기와 같이 빈칸에 알맞은 수를 쓰시오.

보기

남은 금액은 얼마인가요?

날짜	들어온 돈	나간 돈	남은 금액
4/8			500
4/9	3,000		①
4/10		1,000	②
4/12		1,500	③

500+3000−1000−1500=①3500 −1000−1500

=②2500 −1500

=③1000

(1) 4000−1700+3100=①2300 +3100

=②5400

113p

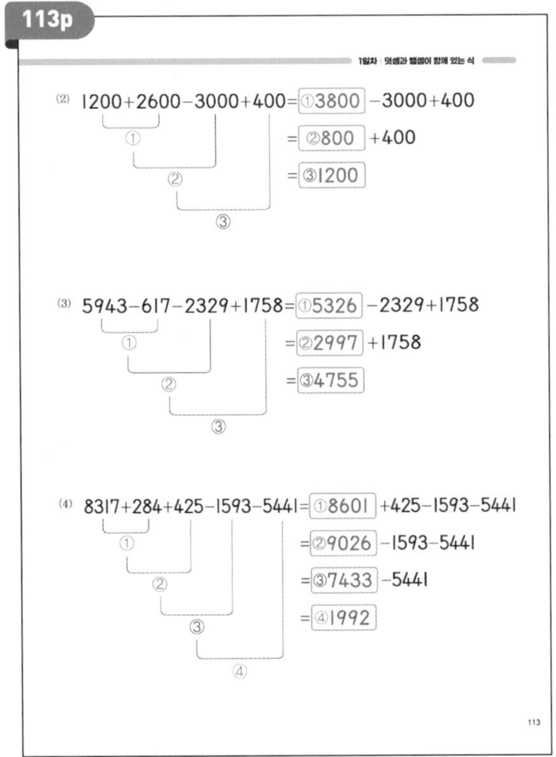

1일차 덧셈과 뺄셈이 함께 있는 식

(2) 1200+2600−3000+400=①3800 −3000+400

=②800 +400

=③1200

(3) 5943−617−2329+1758=①5326 −2329+1758

=②2997 +1758

=③4755

(4) 8317+284+425−1593−5441=①8601 +425−1593−5441

=②9026 −1593−5441

=③7433 −5441

=④1992

114p

문제 3 | 보기와 같이 계산하시오.

보기

13−5+4=8+4
=12

(1) 19−6+12=13+12
=25

(2) 42+8−17=50−17
=33

(3) 80−19−25=61−25
=36

(4) 203−6+42−57=197+42−57
=239−57
=182

(5) 274+49−16−28=323−16−28
=307−28
=279

114

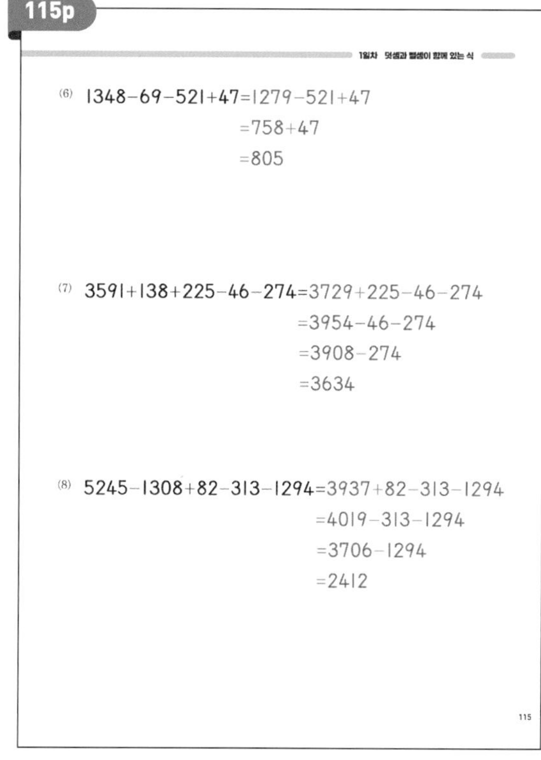
115p

1일차 덧셈과 뺄셈이 함께 있는 식

(6) 1348−69−521+47=1279−521+47
=758+47
=805

(7) 3591+138+225−46−274=3729+225−46−274
=3954−46−274
=3908−274
=3634

(8) 5245−1308+82−313−1294=3937+82−313−1294
=4019−313−1294
=3706−1294
=2412

115

118p

2일차 덧셈과 뺄셈이 괄호와 함께 있는 식

공부한 날짜 월 일

문제 1 | 보기와 같이 계산하시오.

보기

57+8−17=65−17
=48

(1) 92−14+35=78+35
=113

(2) 123−45+29−38=78+29−38
=107−38
=69

(3) 495+217+134−186−259=712+134−186−259
=846−186−259
=660−259
=401

118

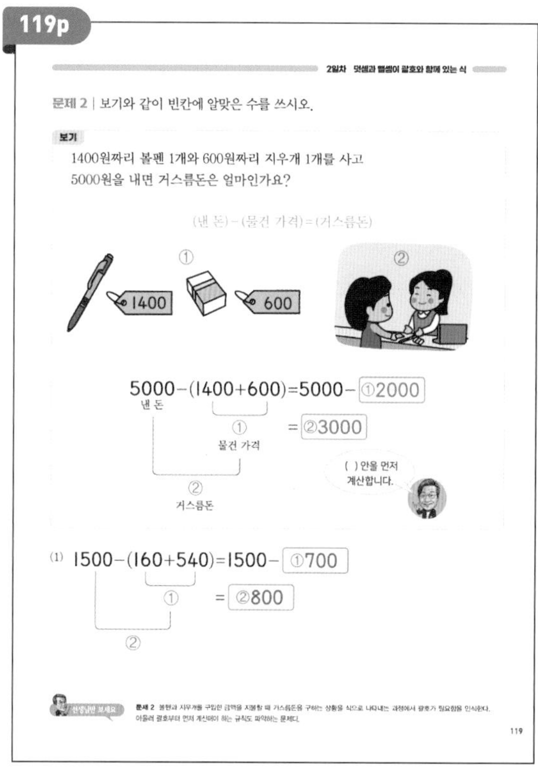
119p

2일차 덧셈과 뺄셈이 괄호와 함께 있는 식

문제 2 | 보기와 같이 빈칸에 알맞은 수를 쓰시오.

보기

1400원짜리 볼펜 1개와 600원짜리 지우개 1개를 사고 5000원을 내면 거스름돈은 얼마인가요?

5000−(1400+600)=5000−①2000
=②3000

낸 돈, ① 물건 가격, ② 거스름돈

( )안을 먼저 계산합니다.

(1) 1500−(160+540)=1500−①700
=②800

119

+ 정답 ÷

120p

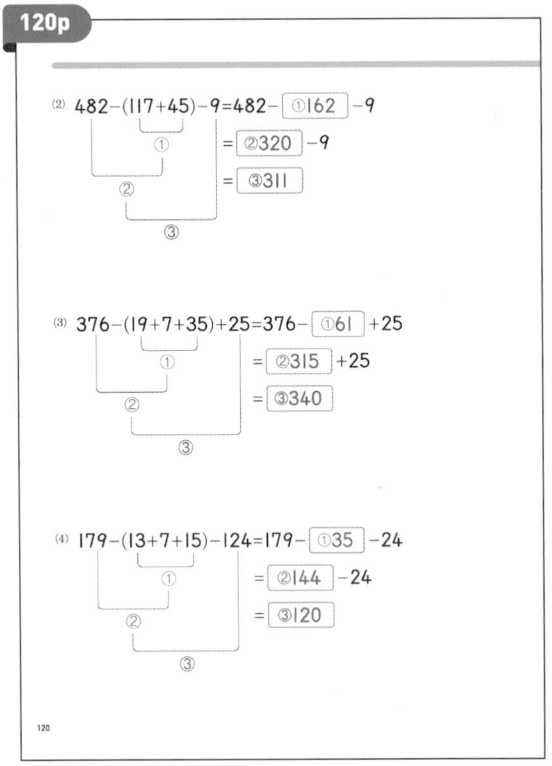

(2) 482−(117+45)−9=482−[①162]−9
=[②320]−9
=[③311]

(3) 376−(19+7+35)+25=376−[①61]+25
=[②315]+25
=[③340]

(4) 179−(13+7+15)−124=179−[①35]−24
=[②144]−24
=[③120]

120

121p

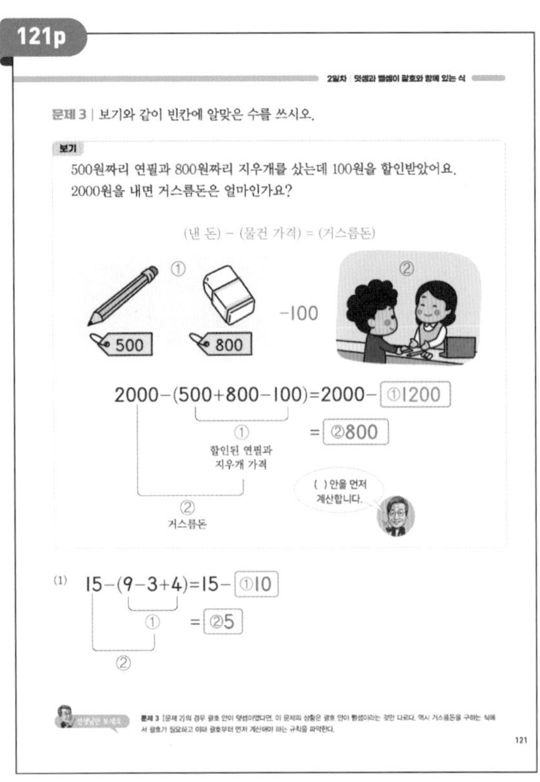

2일차 | 덧셈과 뺄셈이 괄호와 함께 있는 식

문제 3 | 보기와 같이 빈칸에 알맞은 수를 쓰시오.

보기

500원짜리 연필과 800원짜리 지우개를 샀는데 100원을 할인받았어요. 2000원을 내면 거스름돈은 얼마인가요?

(낸 돈) − (물건 가격) = (거스름돈)

2000−(500+800−100)=2000−[①1200]
=[②800]

① 할인된 연필과 지우개 가격

② 거스름돈

( ) 안을 먼저 계산합니다.

(1) 15−(9−3+4)=15−[①10]
=[②5]

121

122p

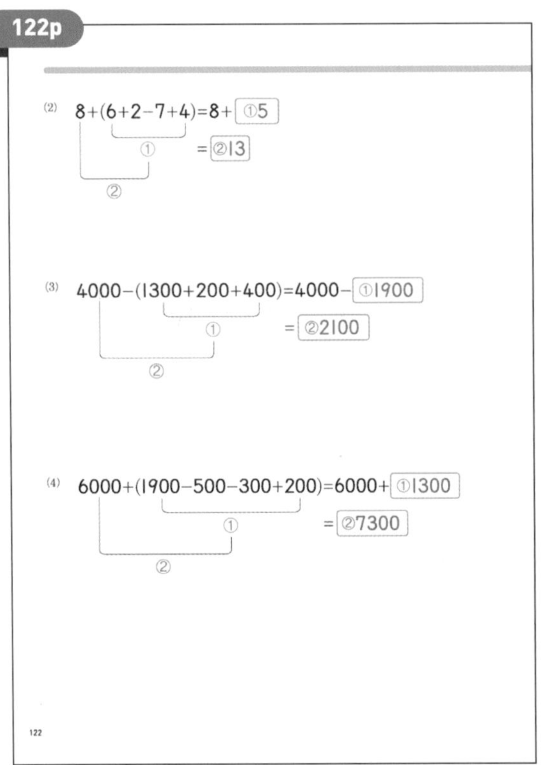

(2) 8+(6+2−7+4)=8+[①5]
=[②13]

(3) 4000−(1300+200+400)=4000−[①1900]
=[②2100]

(4) 6000+(1900−500−300+200)=6000+[①1300]
=[②7300]

122

123p

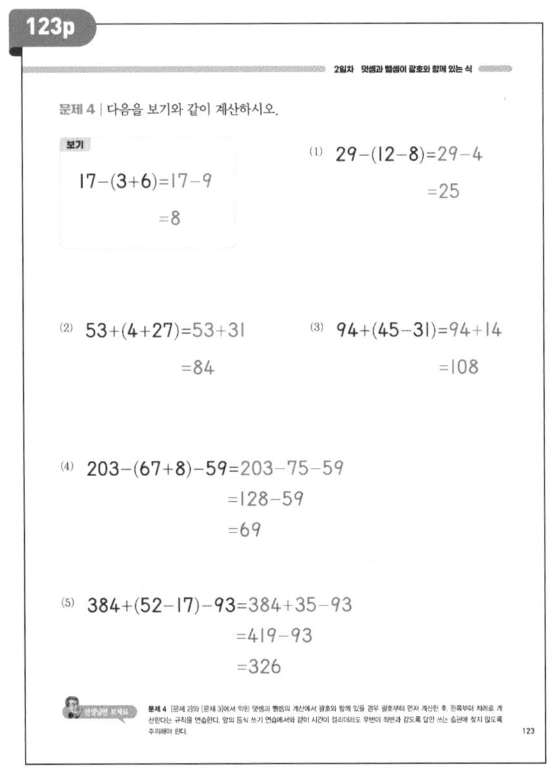

2일차 | 덧셈과 뺄셈이 괄호와 함께 있는 식

문제 4 | 다음을 보기와 같이 계산하시오.

보기

17−(3+6)=17−9
=8

(1) 29−(12−8)=29−4
=25

(2) 53+(4+27)=53+31
=84

(3) 94+(45−31)=94+14
=108

(4) 203−(67+8)−59=203−75−59
=128−59
=69

(5) 384+(52−17)−93=384+35−93
=419−93
=326

123

124p

(6) 49−(18+23−7)+25=49−(41−7)+25
=49−34+25
=15+25
=40

(7) 72+(31−15+29)−54=72+(16+29)−54
=72+45−54
=117−54
=63

(8) 214+(243−8−76)+189=214+(235−76)+189
=214+159+189
=373+189
=562

(9) 1375−(406+87−132)−94=1375−(493−132)−94
=1375−361−94
=1014−94
=920

125p

문제 5 | 보기와 같이 두 식의 값을 비교하시오.

보기

5−3+1=2+1
=3

5−(3+1)=5−4
=1

그러므로 5−3+1 [≠] 5−(3+1)

왼쪽 식과 오른쪽 식의 값이 같으면 등호 =로, 같지 않으면 기호 ≠로 나타내요!

(1) 8+4+7=12+7
=19

8+(4+7)=8+11
=19

그러므로 8+4+7 [=] 8+(4+7)

(2) 16+9+21=25+21
=46

16+(9+21)=16+30
=46

그러므로 16+9+21 [=] 16+(9+21)

선생님만 보세요

문제 5 식의 계산에서 괄호의 위력을 실감하는 문제다. 먼저 괄호가 없는 식에서 덧셈과 뺄셈보다 나눗셈이 우선인 식의 값을 구한다. 이어서 배열된 숫자는 같지만 괄호가 있는 식의 값을 구한다. 이 계산 과정에서 괄호의 역할을 파악하며 동시에 등식이 성립하지 않음을 나타내는 새로운 기호 ≠도 익힌다.

126p

(3) 12+7−4=19−4
=15

12+(7−4)=12+3
=15

그러므로 12+7−4 [=] 12+(7−4)

(4) 68+35−27=103−27
=76

68+(35−27)=68+8
=76

그러므로 68+35−27 [=] 68+(35−27)

(5) 15−9+2=6+2
=8

15−(9+2)=15−11
=4

그러므로 15−9+2 [≠] 15−(9+2)

127p

(6) 73−26+14=47+14
=61

73−(26+14)=73−40
=33

그러므로 73−26+14 [≠] 73−(26+14)

(7) 13−6−2=7−2
=5

13−(6−2)=13−4
=9

그러므로 13−6−2 [≠] 13−(6−2)

(8) 86−47−12=39−12
=27

86−(47−12)=86−35
=51

그러므로 86−47−12 [≠] 86−(47−12)

129p

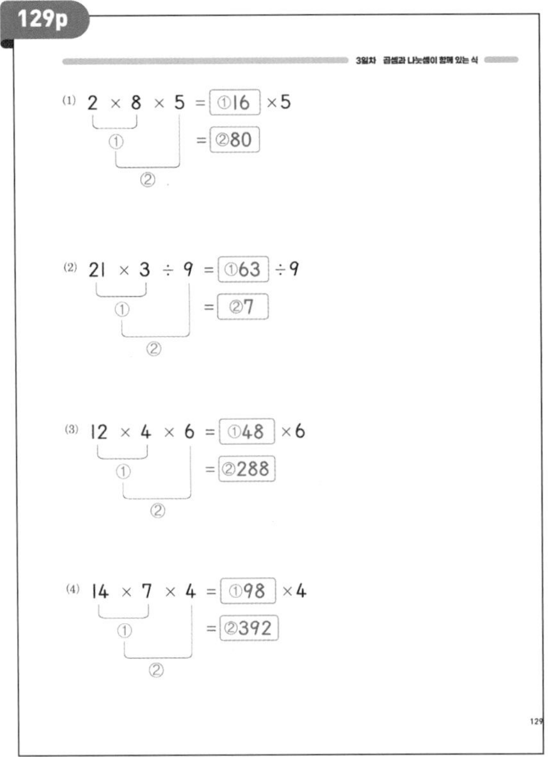

(1) $2 \times 8 \times 5 =$ ①16 $\times 5$
$=$ ②80

(2) $21 \times 3 \div 9 =$ ①63 $\div 9$
$=$ ②7

(3) $12 \times 4 \times 6 =$ ①48 $\times 6$
$=$ ②288

(4) $14 \times 7 \times 4 =$ ①98 $\times 4$
$=$ ②392

130p

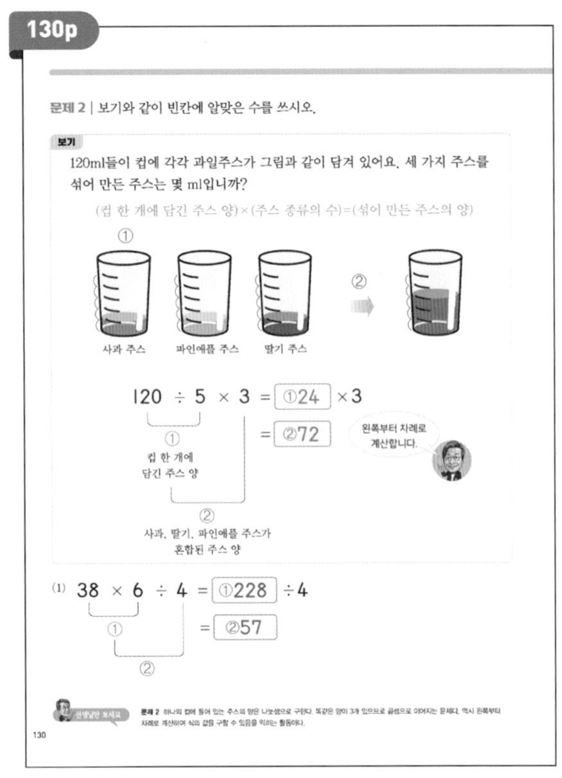
문제 2 | 보기와 같이 빈칸에 알맞은 수를 쓰시오.

보기

120ml들이 컵에 각각 과일주스가 그림과 같이 담겨 있어요. 세 가지 주스를 섞어 만든 주스는 몇 ml입니까?

(컵 한 개에 담긴 주스 양)×(주스 종류의 수)=(섞어 만든 주스의 양)

$120 \div 5 \times 3 =$ ①24 $\times 3$
$=$ ②72

① 컵 한 개에 담긴 주스 양
② 사과, 딸기, 파인애플 주스가 혼합된 주스 양

왼쪽부터 차례로 계산합니다.

(1) $38 \times 6 \div 4 =$ ①228 $\div 4$
$=$ ②57

선생님만 보세요

문제 2 하나의 컵에 들어 있는 주스의 양은 나눗셈으로 구한다. 똑같은 양이 3개 있으므로 곱셈으로 이어지는 문제다. 역시 왼쪽부터 차례로 계산하여 식의 값을 구할 수 있음을 익히는 활동이다.

131p

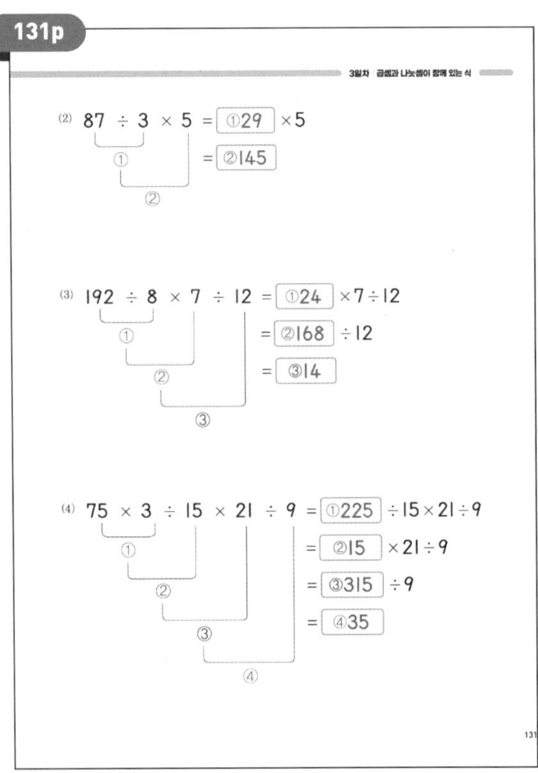

(2) $87 \div 3 \times 5 =$ ①29 $\times 5$
$=$ ②145

(3) $192 \div 8 \times 7 \div 12 =$ ①24 $\times 7 \div 12$
$=$ ②168 $\div 12$
$=$ ③14

(4) $75 \times 3 \div 15 \times 21 \div 9 =$ ①225 $\div 15 \times 21 \div 9$
$=$ ②15 $\times 21 \div 9$
$=$ ③315 $\div 9$
$=$ ④35

132p

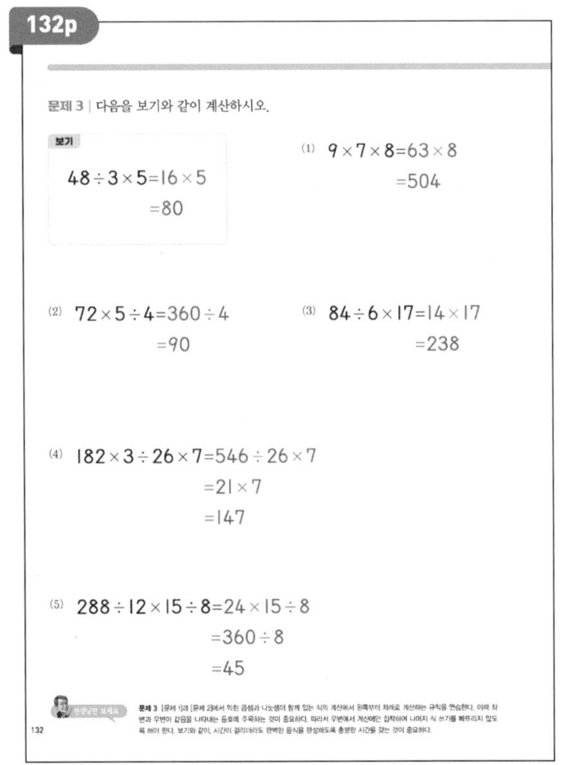
문제 3 | 다음을 보기와 같이 계산하시오.

보기

$48 \div 3 \times 5 = 16 \times 5$
$= 80$

(1) $9 \times 7 \times 8 = 63 \times 8$
$= 504$

(2) $72 \times 5 \div 4 = 360 \div 4$
$= 90$

(3) $84 \div 6 \times 17 = 14 \times 17$
$= 238$

(4) $182 \times 3 \div 26 \times 7 = 546 \div 26 \times 7$
$= 21 \times 7$
$= 147$

(5) $288 \div 12 \times 15 \div 8 = 24 \times 15 \div 8$
$= 360 \div 8$
$= 45$

선생님만 보세요

문제 3 [문제 1]과 [문제 2]에서 익힌 곱셈과 나눗셈이 함께 있는 식의 계산에서 왼쪽부터 차례로 계산하는 규칙을 연습한다. 이때 좌변과 우변이 같음을 나타내는 등호에 주목하는 것이 중요하다. 따라서 우변에서 계산에만 집착하여 나머지 식 쓰기를 빠뜨리지 않도록 해야 한다. 보기와 같이, 시간이 걸리더라도 완벽한 등식을 완성하도록 충분한 시간을 갖는 것이 중요하다.

133p

(6) $34\times9\div17\times7=306\div17\times7$
$=18\times7$
$=126$

(7) $294\div3\times8\div14\times15=98\times8\div14\times15$
$=784\div14\times15$
$=56\times15$
$=840$

(8) $54\div3\times22\div4\times6=18\times22\div4\times6$
$=396\div4\times6$
$=99\times6$
$=594$

(9) $57\times14\div38\times9\div7=798\div38\times9\div7$
$=21\times9\div7$
$=189\div7$
$=27$

134p

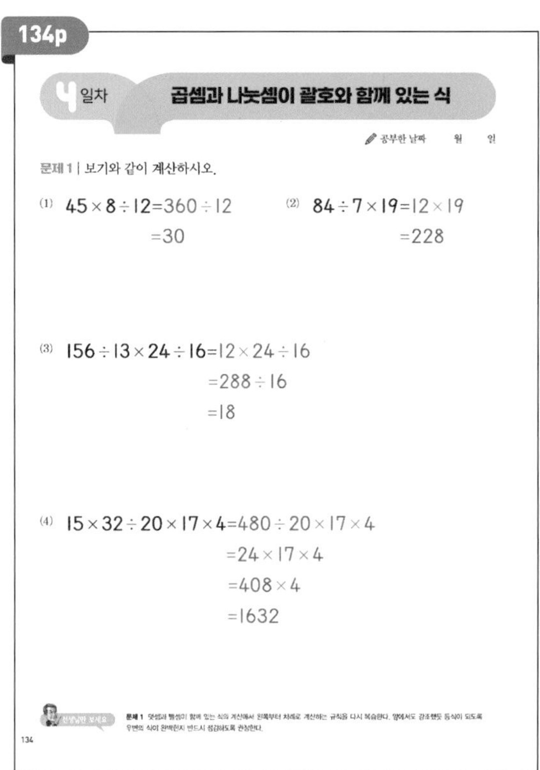

4일차 곱셈과 나눗셈이 괄호와 함께 있는 식

공부한 날짜 월 일

문제 1 | 보기와 같이 계산하시오.

(1) $45\times8\div12=360\div12$
$=30$

(2) $84\div7\times19=12\times19$
$=228$

(3) $156\div13\times24\div16=12\times24\div16$
$=288\div16$
$=18$

(4) $15\times32\div20\times17\times4=480\div20\times17\times4$
$=24\times17\times4$
$=408\times4$
$=1632$

134

135p

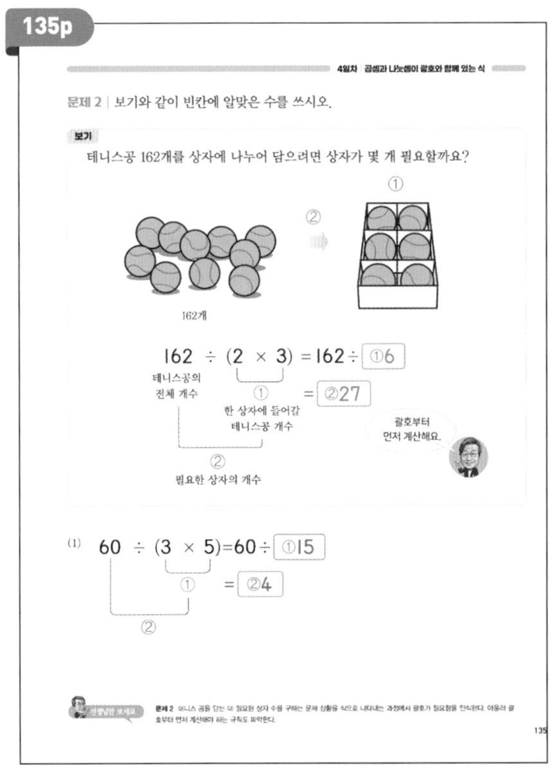

4일차 곱셈과 나눗셈이 괄호와 함께 있는 식

문제 2 | 보기와 같이 빈칸에 알맞은 수를 쓰시오.

보기

테니스공 162개를 상자에 나누어 담으려면 상자가 몇 개 필요할까요?

$162\div(2\times3)=162\div$ ①6
= ②27

테니스공의 전체 개수
한 상자에 들어갈 테니스공 개수
필요한 상자의 개수

괄호부터 먼저 계산해요.

(1) $60\div(3\times5)=60\div$ ①15
= ②4

135

136p

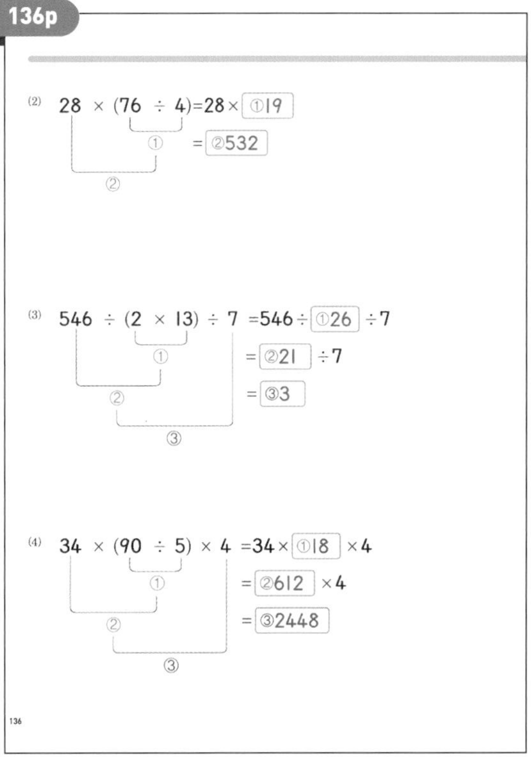

(2) $28\times(76\div4)=28\times$ ①19
= ②532

(3) $546\div(2\times13)\div7=546\div$ ①26 $\div7$
= ②21 $\div7$
= ③3

(4) $34\times(90\div5)\times4=34\times$ ①18 $\times4$
= ②612 $\times4$
= ③2448

136

+ 정답 ÷

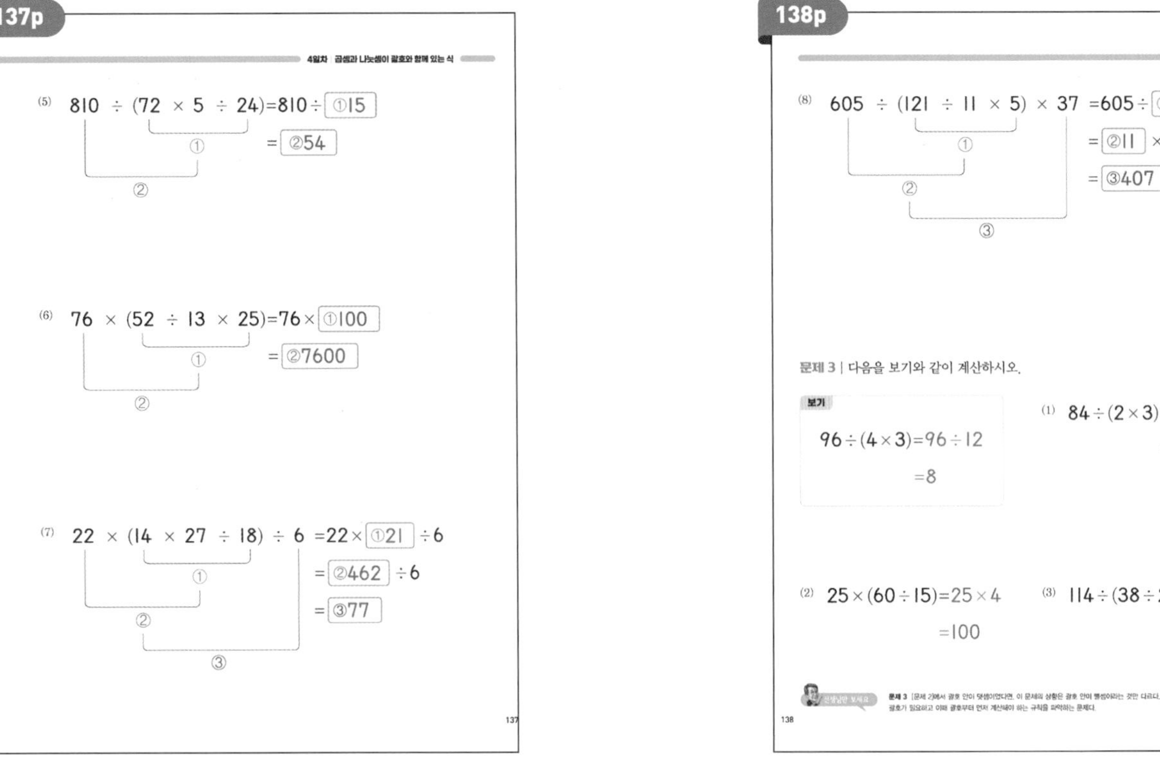

137p

4일차 곱셈과 나눗셈이 괄호와 함께 있는 식

(5) $810 \div (72 \times 5 \div 24) = 810 \div$ ①15
$=$ ②54

(6) $76 \times (52 \div 13 \times 25) = 76 \times$ ①100
$=$ ②7600

(7) $22 \times (14 \times 27 \div 18) \div 6 = 22 \times$ ①21 $\div 6$
$=$ ②462 $\div 6$
$=$ ③77

137

138p

(8) $605 \div (121 \div 11 \times 5) \times 37 = 605 \div$ ①55 $\times 37$
$=$ ②11 $\times 37$
$=$ ③407

문제 3 | 다음을 보기와 같이 계산하시오.

보기
$96 \div (4 \times 3) = 96 \div 12$
$= 8$

(1) $84 \div (2 \times 3) = 84 \div 6$
$= 14$

(2) $25 \times (60 \div 15) = 25 \times 4$
$= 100$

(3) $114 \div (38 \div 2) = 114 \div 19$
$= 6$

138

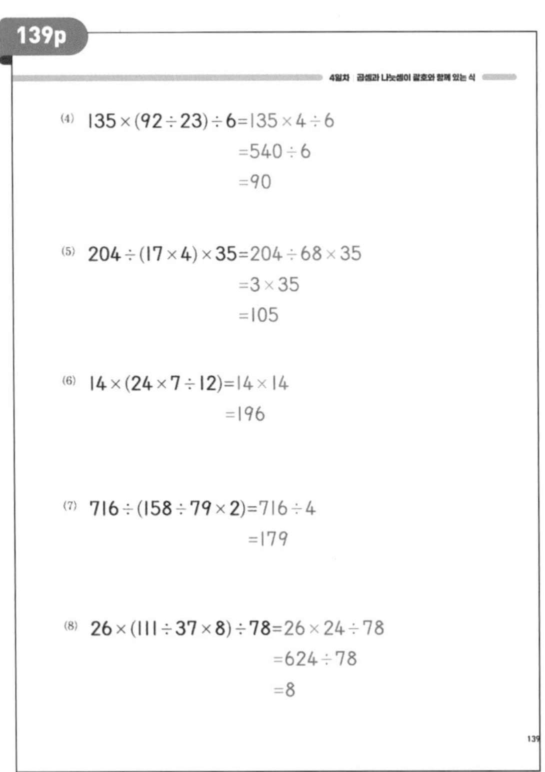

139p

4일차 곱셈과 나눗셈이 괄호와 함께 있는 식

(4) $135 \times (92 \div 23) \div 6 = 135 \times 4 \div 6$
$= 540 \div 6$
$= 90$

(5) $204 \div (17 \times 4) \times 35 = 204 \div 68 \times 35$
$= 3 \times 35$
$= 105$

(6) $14 \times (24 \times 7 \div 12) = 14 \times 14$
$= 196$

(7) $716 \div (158 \div 79 \times 2) = 716 \div 4$
$= 179$

(8) $26 \times (111 \div 37 \times 8) \div 78 = 26 \times 24 \div 78$
$= 624 \div 78$
$= 8$

139

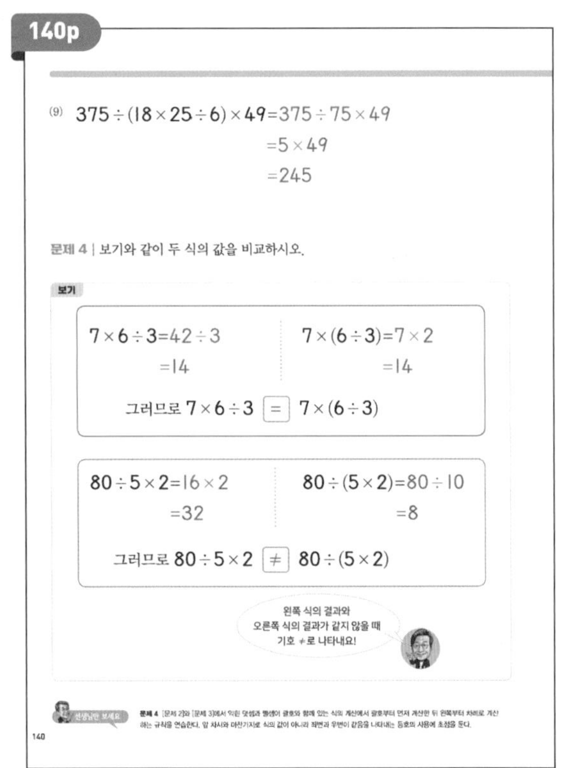

140p

(9) $375 \div (18 \times 25 \div 6) \times 49 = 375 \div 75 \times 49$
$= 5 \times 49$
$= 245$

문제 4 | 보기와 같이 두 식의 값을 비교하시오.

보기
$7 \times 6 \div 3 = 42 \div 3$
$= 14$

$7 \times (6 \div 3) = 7 \times 2$
$= 14$

그러므로 $7 \times 6 \div 3$ $=$ $7 \times (6 \div 3)$

$80 \div 5 \times 2 = 16 \times 2$
$= 32$

$80 \div (5 \times 2) = 80 \div 10$
$= 8$

그러므로 $80 \div 5 \times 2$ $\neq$ $80 \div (5 \times 2)$

140

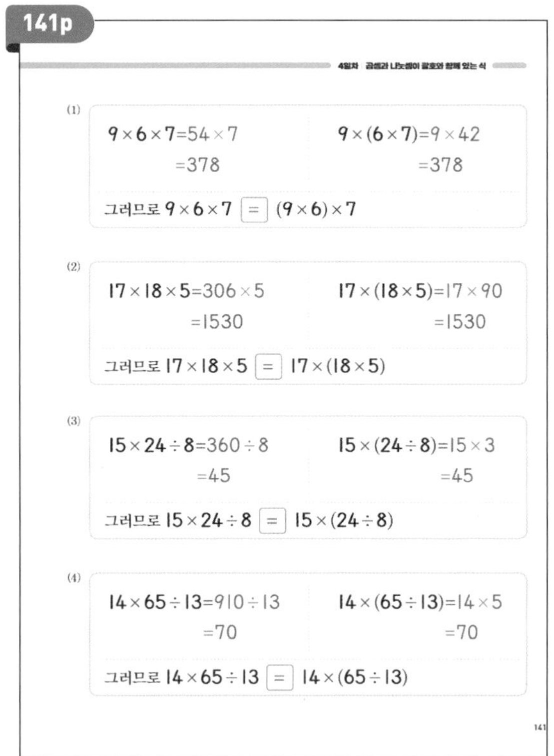

141p

(1)
$9\times6\times7=54\times7$
$=378$
$9\times(6\times7)=9\times42$
$=378$
그러므로 $9\times6\times7$ [=] $(9\times6)\times7$

(2)
$17\times18\times5=306\times5$
$=1530$
$17\times(18\times5)=17\times90$
$=1530$
그러므로 $17\times18\times5$ [=] $17\times(18\times5)$

(3)
$15\times24\div8=360\div8$
$=45$
$15\times(24\div8)=15\times3$
$=45$
그러므로 $15\times24\div8$ [=] $15\times(24\div8)$

(4)
$14\times65\div13=910\div13$
$=70$
$14\times(65\div13)=14\times5$
$=70$
그러므로 $14\times65\div13$ [=] $14\times(65\div13)$

141

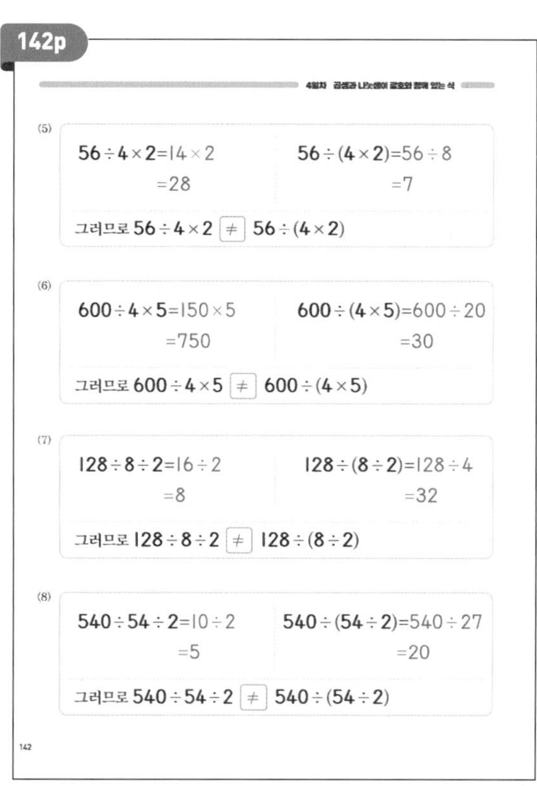

142p

(5)
$56\div4\times2=14\times2$
$=28$
$56\div(4\times2)=56\div8$
$=7$
그러므로 $56\div4\times2$ [≠] $56\div(4\times2)$

(6)
$600\div4\times5=150\times5$
$=750$
$600\div(4\times5)=600\div20$
$=30$
그러므로 $600\div4\times5$ [≠] $600\div(4\times5)$

(7)
$128\div8\div2=16\div2$
$=8$
$128\div(8\div2)=128\div4$
$=32$
그러므로 $128\div8\div2$ [≠] $128\div(8\div2)$

(8)
$540\div54\div2=10\div2$
$=5$
$540\div(54\div2)=540\div27$
$=20$
그러므로 $540\div54\div2$ [≠] $540\div(54\div2)$

142

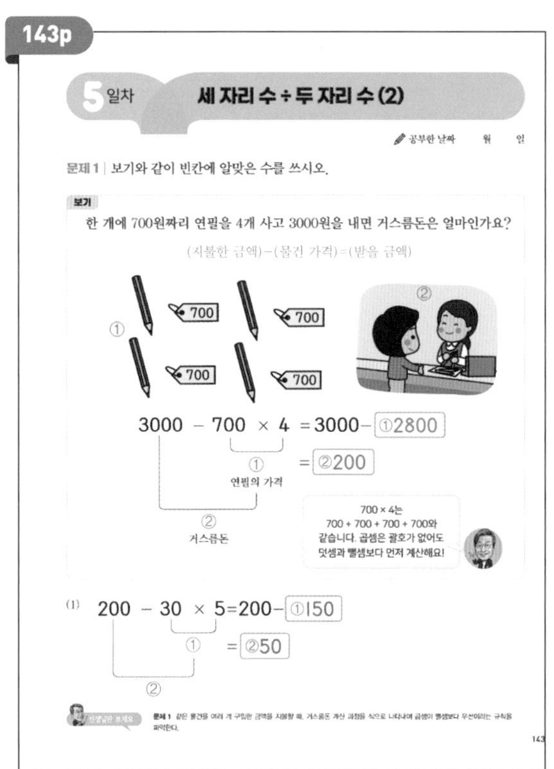

143p

5일차 세 자리 수 ÷ 두 자리 수 (2)

공부한 날짜 월 일

문제 1 | 보기와 같이 빈칸에 알맞은 수를 쓰시오.

보기

한 개에 700원짜리 연필을 4개 사고 3000원을 내면 거스름돈은 얼마인가요?

(지불한 금액)−(물건 가격)=(받을 금액)

$3000 - 700\times4 = 3000-$ [①2800]
= [②200]

① 연필의 가격
② 거스름돈

700 × 4는 700 + 700 + 700 + 700와 같습니다. 곱셈은 괄호가 없어도 덧셈과 뺄셈보다 먼저 계산해요!

(1) $200 - 30\times5=200-$ [①150]
= [②50]

문제 1 같은 물건을 여러 개 구입한 금액을 지불할 때, 거스름돈 계산 과정을 식으로 나타내며 곱셈이 뺄셈보다 우선이라는 규칙을 파악한다.

143

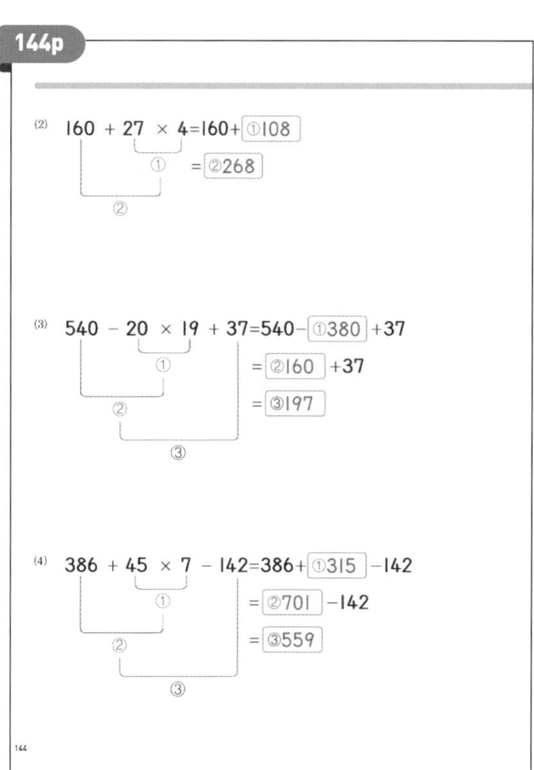

144p

(2) $160 + 27\times4=160+$ [①108]
= [②268]

(3) $540 - 20\times19 + 37=540-$ [①380] $+37$
= [②160] $+37$
= [③197]

(4) $386 + 45\times7 - 142=386+$ [①315] -142
= [②701] -142
= [③559]

144

정답

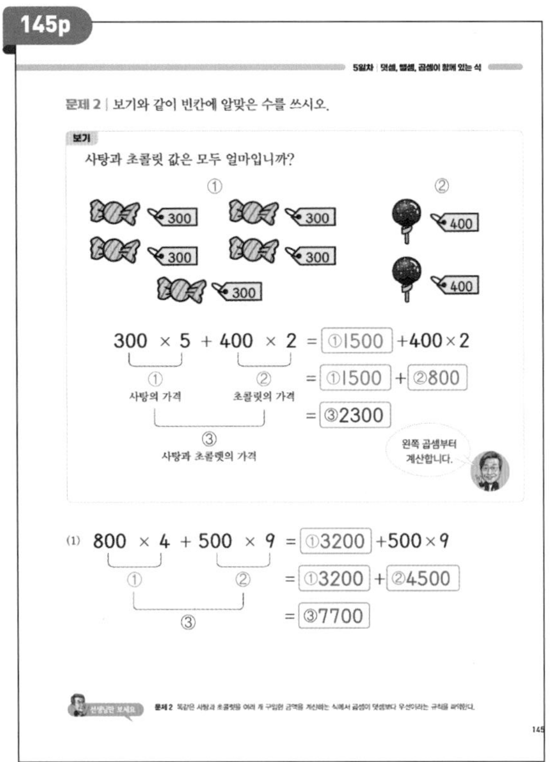

145p

5일차 | 덧셈, 뺄셈, 곱셈이 함께 있는 식

문제 2 | 보기와 같이 빈칸에 알맞은 수를 쓰시오.

보기

사탕과 초콜릿 값은 모두 얼마입니까?

300 × 5 + 400 × 2 = ①1500 +400×2

= ①1500 + ②800

= ③2300

① 사탕의 가격 ② 초콜릿의 가격 ③ 사탕과 초콜릿의 가격

(1) 800 × 4 + 500 × 9 = ①3200 +500×9

= ①3200 + ②4500

= ③7700

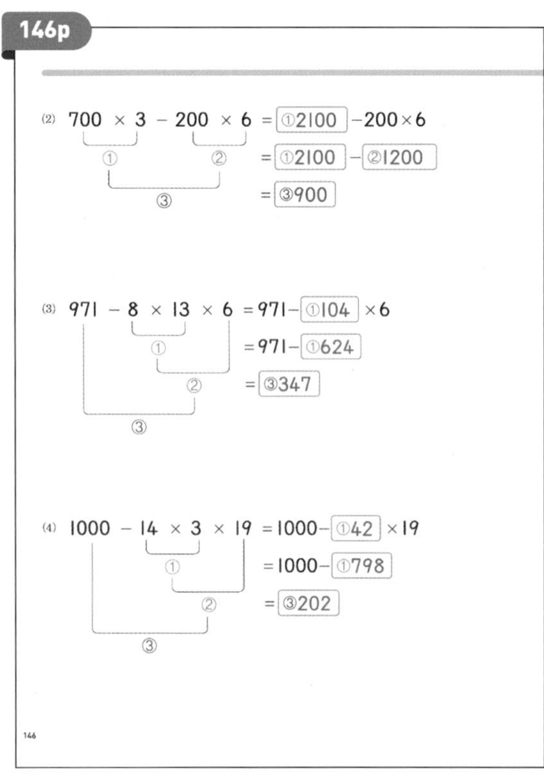

146p

(2) 700 × 3 − 200 × 6 = ①2100 −200×6

= ①2100 − ②1200

= ③900

(3) 971 − 8 × 13 × 6 = 971− ①104 ×6

= 971− ①624

= ③347

(4) 1000 − 14 × 3 × 19 = 1000− ①42 ×19

= 1000− ①798

= ③202

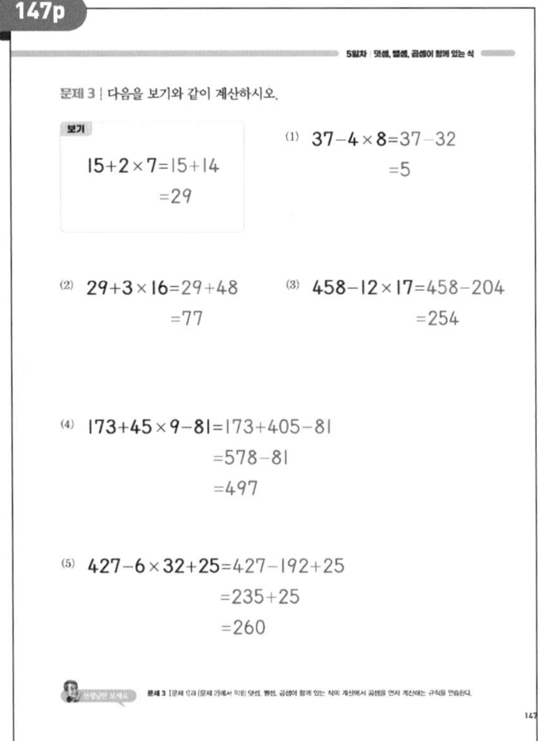

147p

5일차 | 덧셈, 뺄셈, 곱셈이 함께 있는 식

문제 3 | 다음을 보기와 같이 계산하시오.

보기

15+2×7=15+14

=29

(1) 37−4×8=37−32

=5

(2) 29+3×16=29+48

=77

(3) 458−12×17=458−204

=254

(4) 173+45×9−81=173+405−81

=578−81

=497

(5) 427−6×32+25=427−192+25

=235+25

=260

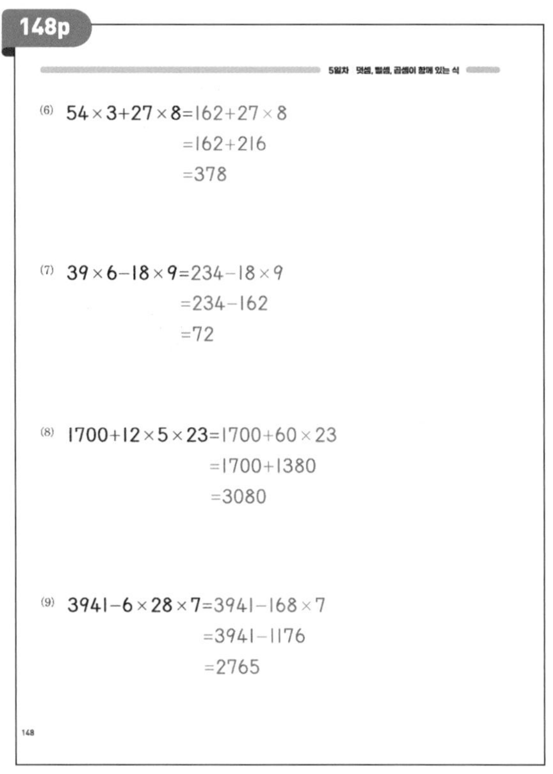

148p

5일차 | 덧셈, 뺄셈, 곱셈이 함께 있는 식

(6) 54×3+27×8=162+27×8

=162+216

=378

(7) 39×6−18×9=234−18×9

=234−162

=72

(8) 1700+12×5×23=1700+60×23

=1700+1380

=3080

(9) 3941−6×28×7=3941−168×7

=3941−1176

=2765

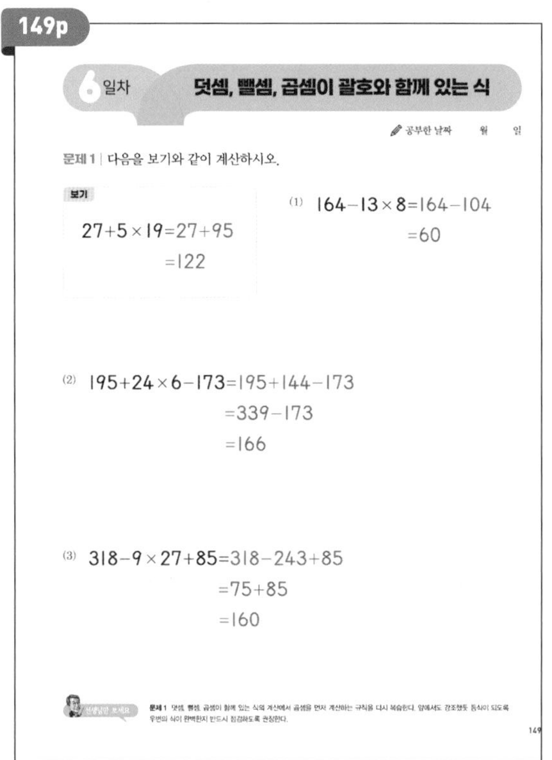
149p

6일차 덧셈, 뺄셈, 곱셈이 괄호와 함께 있는 식

공부한 날짜 월 일

문제 1 | 다음을 보기와 같이 계산하시오.

보기

$27+5\times19=27+95$
$=122$

(1) $164-13\times8=164-104$
$=60$

(2) $195+24\times6-173=195+144-173$
$=339-173$
$=166$

(3) $318-9\times27+85=318-243+85$
$=75+85$
$=160$

149

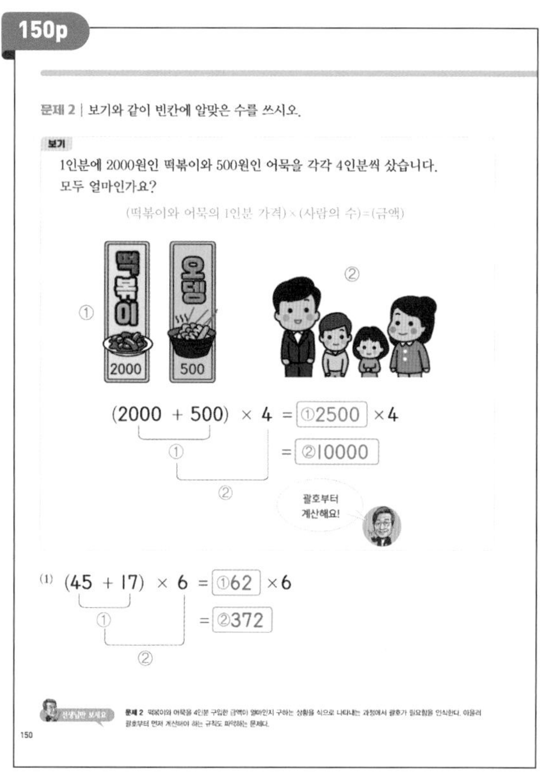
150p

문제 2 | 보기와 같이 빈칸에 알맞은 수를 쓰시오.

보기

1인분에 2000원인 떡볶이와 500원인 어묵을 각각 4인분씩 샀습니다. 모두 얼마인가요?

(떡볶이와 어묵의 1인분 가격)×(사람의 수)=(금액)

$(2000+500)\times4=$ ①2500 $\times4$
$=$ ②10000

괄호부터 계산해요!

(1) $(45+17)\times6=$ ①62 $\times6$
$=$ ②372

150

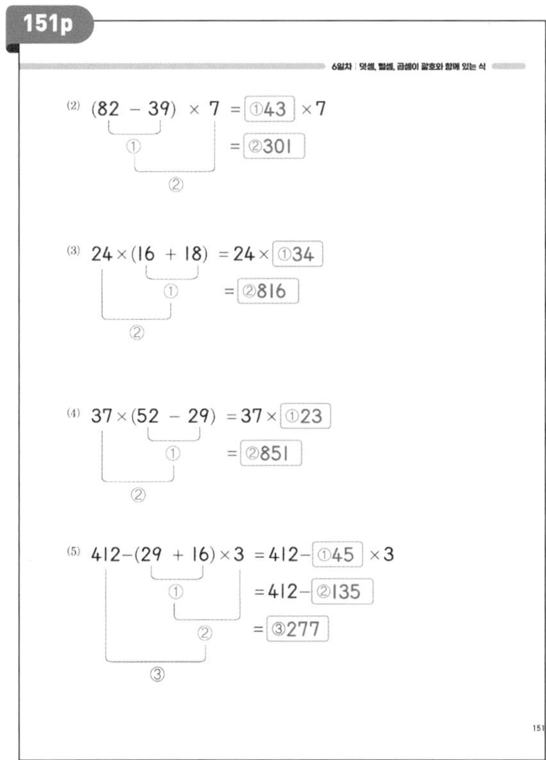
151p

6일차 | 덧셈, 뺄셈, 곱셈이 괄호와 함께 있는 식

(2) $(82-39)\times7=$ ①43 $\times7$
$=$ ②301

(3) $24\times(16+18)=24\times$ ①34
$=$ ②816

(4) $37\times(52-29)=37\times$ ①23
$=$ ②851

(5) $412-(29+16)\times3=412-$ ①45 $\times3$
$=412-$ ②135
$=$ ③277

151

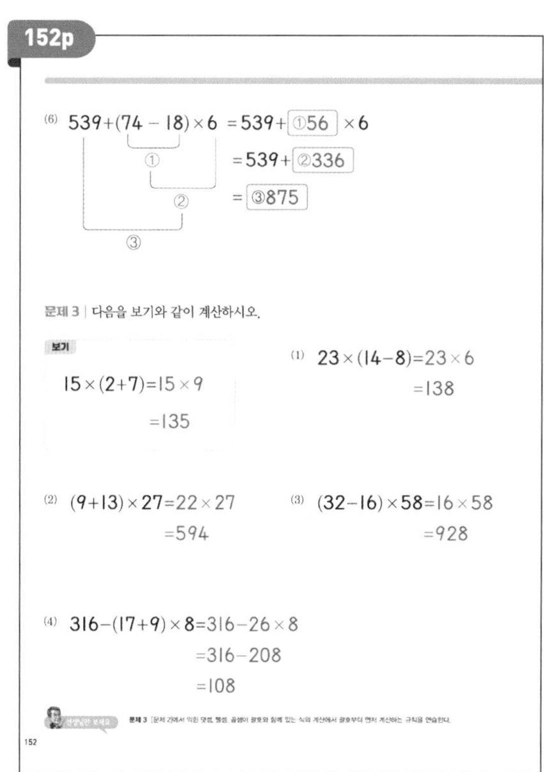
152p

(6) $539+(74-18)\times6=539+$ ①56 $\times6$
$=539+$ ②336
$=$ ③875

문제 3 | 다음을 보기와 같이 계산하시오.

보기

$15\times(2+7)=15\times9$
$=135$

(1) $23\times(14-8)=23\times6$
$=138$

(2) $(9+13)\times27=22\times27$
$=594$

(3) $(32-16)\times58=16\times58$
$=928$

(4) $316-(17+9)\times8=316-26\times8$
$=316-208$
$=108$

152

153p

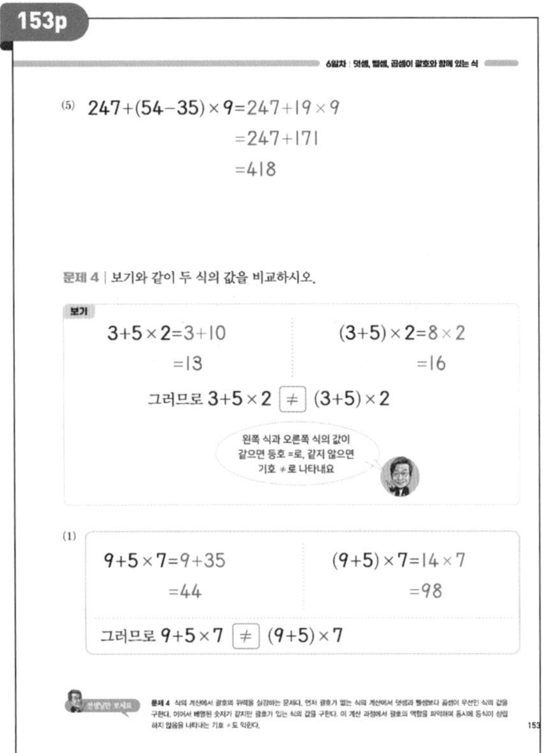

(5) $247+(54-35)\times 9=247+19\times 9$
$=247+171$
$=418$

문제 4 | 보기와 같이 두 식의 값을 비교하시오.

보기

$3+5\times 2=3+10$ $=13$	$(3+5)\times 2=8\times 2$ $=16$

그러므로 $3+5\times 2$ [≠] $(3+5)\times 2$

(1)

$9+5\times 7=9+35$ $=44$	$(9+5)\times 7=14\times 7$ $=98$

그러므로 $9+5\times 7$ [≠] $(9+5)\times 7$

154p

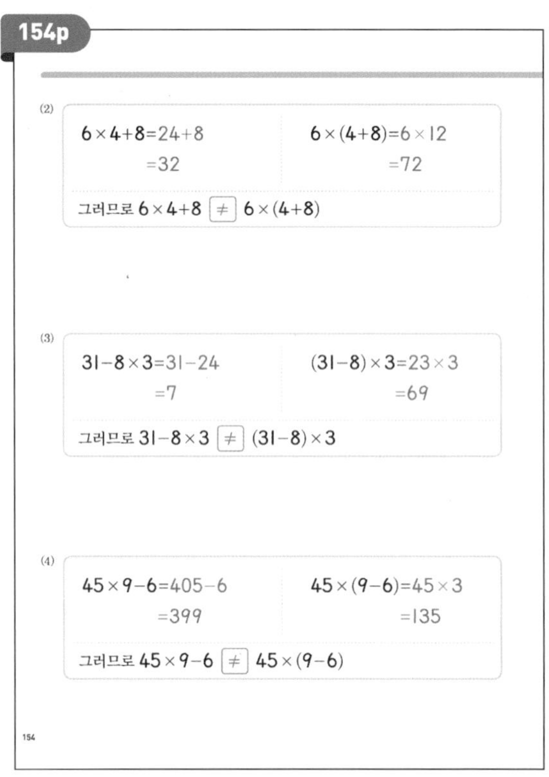
(2)

$6\times 4+8=24+8$ $=32$	$6\times(4+8)=6\times 12$ $=72$

그러므로 $6\times 4+8$ [≠] $6\times(4+8)$

(3)

$31-8\times 3=31-24$ $=7$	$(31-8)\times 3=23\times 3$ $=69$

그러므로 $31-8\times 3$ [≠] $(31-8)\times 3$

(4)

$45\times 9-6=405-6$ $=399$	$45\times(9-6)=45\times 3$ $=135$

그러므로 $45\times 9-6$ [≠] $45\times(9-6)$

155p

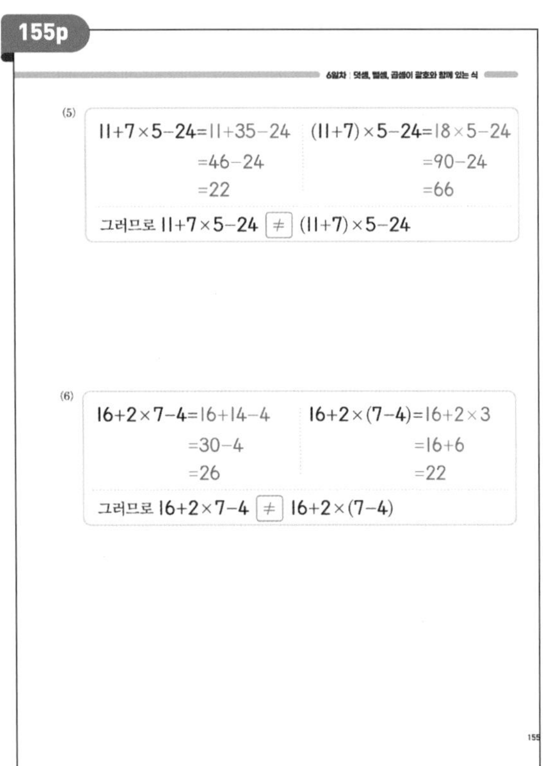

(5)

$11+7\times 5-24=11+35-24$ $=46-24$ $=22$	$(11+7)\times 5-24=18\times 5-24$ $=90-24$ $=66$

그러므로 $11+7\times 5-24$ [≠] $(11+7)\times 5-24$

(6)

$16+2\times 7-4=16+14-4$ $=30-4$ $=26$	$16+2\times(7-4)=16+2\times 3$ $=16+6$ $=22$

그러므로 $16+2\times 7-4$ [≠] $16+2\times(7-4)$

157p

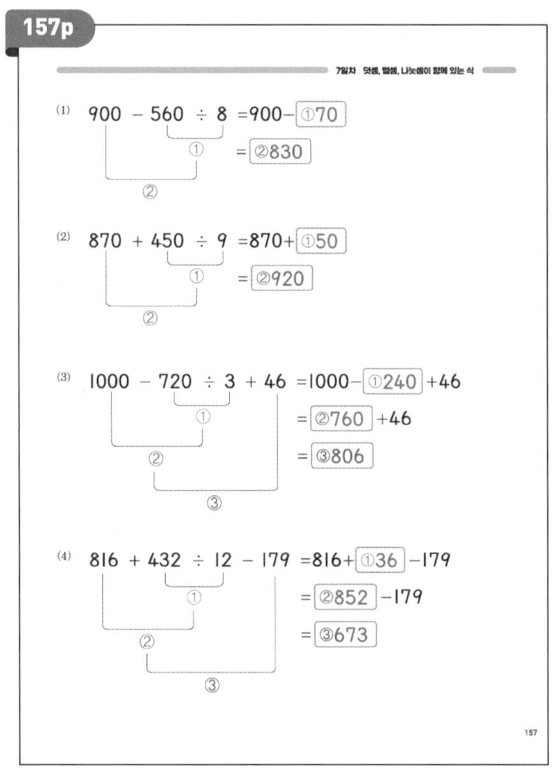

(1) $900-560\div 8=900-$ [①70]
$=$ [②830]

(2) $870+450\div 9=870+$ [①50]
$=$ [②920]

(3) $1000-720\div 3+46=1000-$ [①240] $+46$
$=$ [②760] $+46$
$=$ [③806]

(4) $816+432\div 12-179=816+$ [①36] -179
$=$ [②852] -179
$=$ [③673]

159p

(1) 4200 ÷ 7 − 1800 ÷ 6 = ①600 − 1800 ÷ 6
= ①600 − ②300
= ③300

(2) 3500 ÷ 5 + 3600 ÷ 9 = ①700 + 3600 ÷ 9
= ①700 + ②400
= ③1100

(3) 182 − 136 ÷ 2 ÷ 17 = 182 − ①68 ÷ 17
= 182 − ②4
= ③178

(4) 269 + 345 ÷ 23 ÷ 5 = 269 + ①15 ÷ 5
= 269 + ②3
= ③272

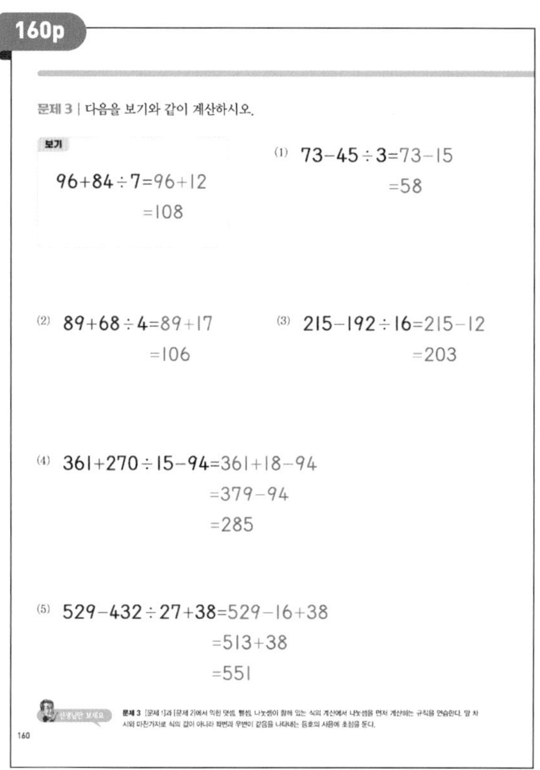

160p

문제 3 | 다음을 보기와 같이 계산하시오.

보기
96+84÷7=96+12
=108

(1) 73−45÷3=73−15
=58

(2) 89+68÷4=89+17
=106

(3) 215−192÷16=215−12
=203

(4) 361+270÷15−94=361+18−94
=379−94
=285

(5) 529−432÷27+38=529−16+38
=513+38
=551

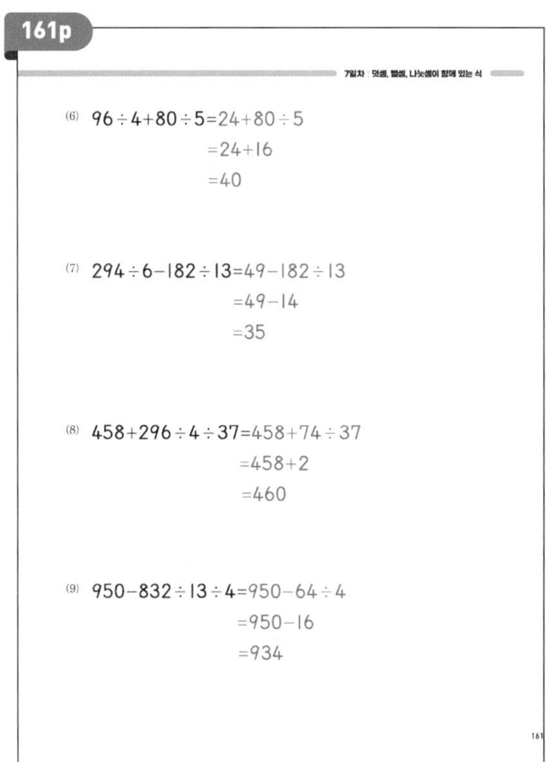

161p

(6) 96÷4+80÷5=24+80÷5
=24+16
=40

(7) 294÷6−182÷13=49−182÷13
=49−14
=35

(8) 458+296÷4÷37=458+74÷37
=458+2
=460

(9) 950−832÷13÷4=950−64÷4
=950−16
=934

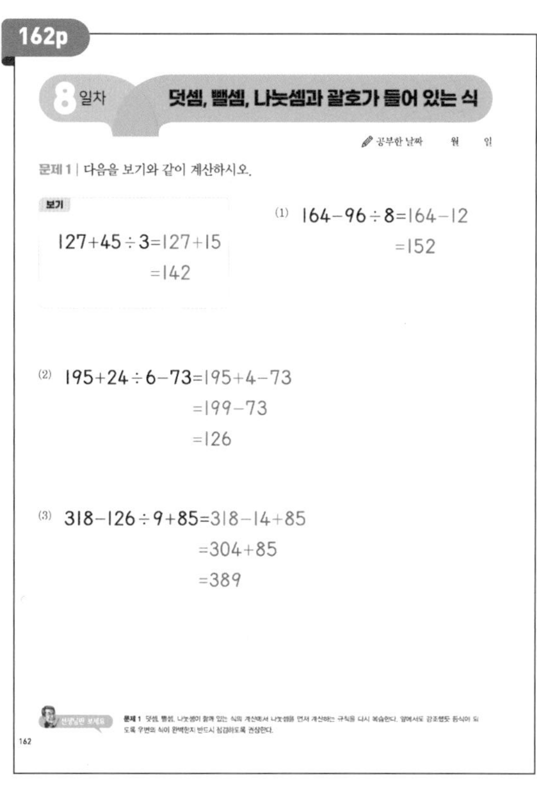

162p

8일차 덧셈, 뺄셈, 나눗셈과 괄호가 들어 있는 식

공부한 날짜 월 일

문제 1 | 다음을 보기와 같이 계산하시오.

보기
127+45÷3=127+15
=142

(1) 164−96÷8=164−12
=152

(2) 195+24÷6−73=195+4−73
=199−73
=126

(3) 318−126÷9+85=318−14+85
=304+85
=389

+ 정답 ÷

164p

(1) 657 ÷ (4 + 5) = 657 ÷ ①9

= ②73

(2) 738 ÷ (15 − 9) = 738 ÷ ①6

= ②123

(3) (524 + 372) ÷ 8 = ①896 ÷ 8

= ②112

(4) (903 − 258) ÷ 3 = ①645 ÷ 3

= ②215

164

165p

8일차 덧셈, 뺄셈, 나눗셈과 괄호가 들어 있는 식

(5) 415 − (176 + 139) ÷ 9 = 412 − ①315 ÷ 9

= 412 − ②35

= ③377

(6) 529 + (341 − 103) ÷ 17 = 529 + ①238 ÷ 17

= 529 + ②14

= ③543

문제 3 | 다음을 보기와 같이 계산하시오.

보기

65 ÷ (4+9) = 65 ÷ 13

= 5

(1) 72 ÷ (15−3) = 72 ÷ 12

= 6

165

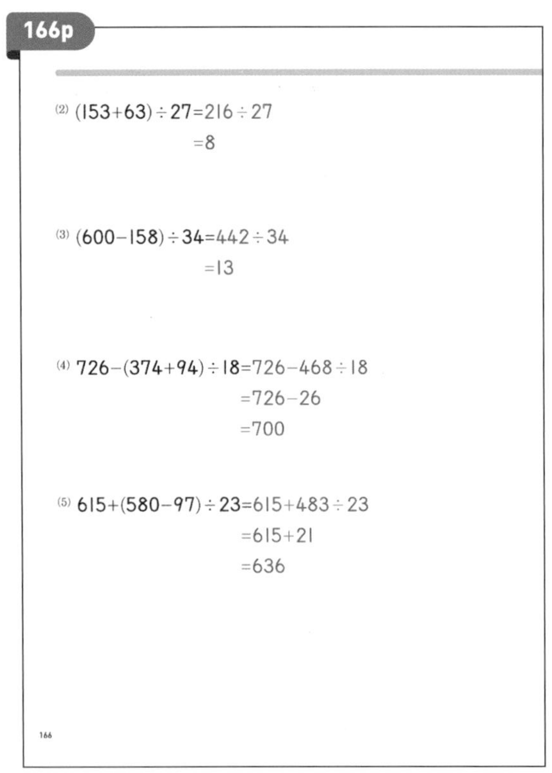

166p

(2) (153+63) ÷ 27 = 216 ÷ 27

= 8

(3) (600−158) ÷ 34 = 442 ÷ 34

= 13

(4) 726−(374+94) ÷ 18 = 726−468 ÷ 18

= 726−26

= 700

(5) 615+(580−97) ÷ 23 = 615+483 ÷ 23

= 615+21

= 636

166

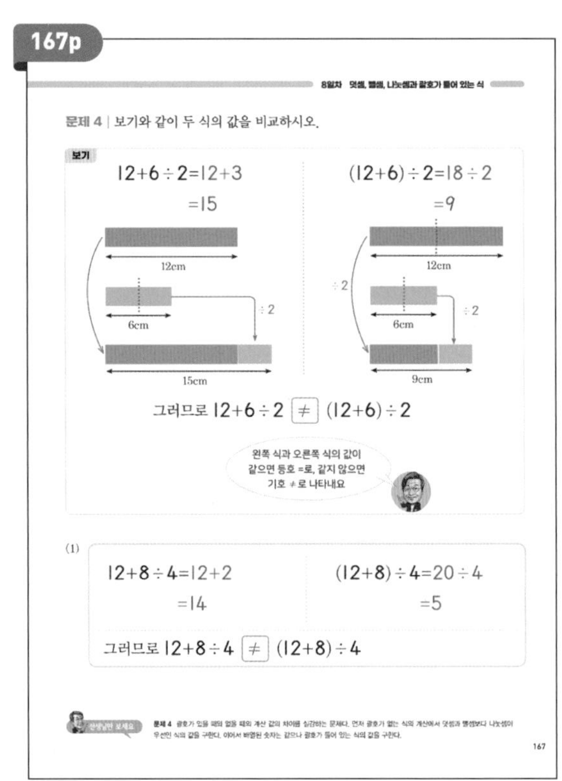

167p

8일차 덧셈, 뺄셈, 나눗셈과 괄호가 들어 있는 식

문제 4 | 보기와 같이 두 식의 값을 비교하시오.

보기

12+6 ÷ 2 = 12+3

= 15

(12+6) ÷ 2 = 18 ÷ 2

= 9

그러므로 12+6 ÷ 2 ≠ (12+6) ÷ 2

(1)

12+8 ÷ 4 = 12+2

= 14

(12+8) ÷ 4 = 20 ÷ 4

= 5

그러므로 12+8 ÷ 4 ≠ (12+8) ÷ 4

167

168p

(2)

$28 \div 4+3=7+3$
$=10$

$28 \div (4+3)=28 \div 7$
$=4$

그러므로 $28 \div 4+3$ $\neq$ $28 \div (4+3)$

(3)

$98-14 \div 7=98-2$
$=96$

$(98-14) \div 7=84 \div 7$
$=12$

그러므로 $98-14 \div 7$ $\neq$ $(98-14) \div 7$

(4)

$104 \div 8-6=13-6$
$=7$

$104 \div (8-6)=104 \div 2$
$=52$

그러므로 $104 \div 8-6$ $\neq$ $104 \div (8-6)$

168

169p

(5)

$12+9 \div 3-5=12+3-5$
$=15-5$
$=10$

$(12+9) \div 3-5=21 \div 3-5$
$=7-5$
$=2$

그러므로 $12+9 \div 3-5$ $\neq$ $(12+9) \div 3-5$

(6)

$35+21 \div 7-4=35+3-4$
$=38-4$
$=34$

$35+21 \div (7-4)=35+21 \div 3$
$=35+7$
$=42$

그러므로 $35+21 \div 7-4$ $\neq$ $35+21 \div (7-4)$

169

172p

9일차 여러 가지 사칙연산 문제

공부한 날짜 월 일

문제 1 | 다음 문제들을 식으로 나타내고 답을 구하시오.

(1) 216명의 승객을 태운 부산행 기차가 대전역에 정차했을 때,
78명이 내리고 53명이 탔습니다. 기차의 승객은 모두 몇 명인가요?

식: $216-78+53=191$

답: 191명

(2) 민서와 도현이가 함께 종이학 100마리를 접으려고 합니다.
민서는 종이학을 37마리, 도현이는 45마리를 접었습니다.
앞으로 몇 마리를 더 접어야 하나요?

식: $100-(37+45)=18$

답: 18마리

문제 1 주어진 상황을 사칙연산과 괄호를 이용하여 식으로 나타내는 활동이다. 특히 (2), (4), (6), (7), (8), (9), (11) 번의 문제 상황에서 괄호의 중요성을 확인한다.

172

173p

(3) 찐빵 38개를 한 접시에 2개씩 담아 17접시를 팔았습니다.
남은 찐빵은 몇 개인가요?

식: $38-2 \times 17=4$

답: 4개

(4) 5000원으로 750원짜리 지우개 두 개와 450원짜리 볼펜 세 자루를 샀습니다.
거스름돈은 얼마인가요?

식: $5000-(750 \times 2+450 \times 3)=2150$

답: 2150원

173

+ 정답 ÷

174p

(5) 한 상자에 25개씩 들어 있는 야구공 상자가 8개 있습니다.
이 야구공을 10명에게 똑같이 나누어 주면
한 사람이 몇 개의 야구공을 갖게 될까요?

식: $25\times8\div10=20$

답: 20개

(6) 초콜릿 96개를 한 줄에 4개씩 3줄을 담을 수 있는 상자에
똑같이 나누어 담으려고 합니다. 상자가 몇 개 필요할까요?

식: $96\div(4\times3)=8$

답: 8개

175p

(7) 풍선이 130개 있습니다. 한 상자에 풍선이 25개씩 들어 있는
풍선상자 5개를 더 구입하여 3명에게 똑같이 나누어 주면,
한 사람이 갖는 풍선 개수는 몇 개인가요?

식: $(130+25\times5)\div3=85$

답: 85개

(8) 1200원짜리 컵라면을 450원씩 할인받아 모두 4개를 사려고 합니다.
5000원을 내면 거스름돈을 얼마 받아야 하나요?

식: $5000-(1200-450)\times4$

답: 2000원

176p

(9) 500원짜리 구슬 6개와, 700원짜리 딱지 5개를 사고
10000원을 내면 거스름돈을 얼마 받아야 하나요?
괄호가 있는 식으로 나타내고 답을 구하시오.

식: $10000-(500\times6+700\times5)$

답: 3500원

(10) 4200원짜리 케이크를 5조각으로 나누어 팔고 있습니다.
이 가운데 3조각을 사고 5000원을 내면 거스름돈을 얼마 받아야 하나요?

식: $5000-4200\div5\times3$

답: 2480원

177p

(11) 6개에 4200원인 풀을 3개, 5개에 2000원인 지우개 2개를 사고
5000원을 내면 거스름돈을 얼마 받아야 하나요?
괄호가 있는 식으로 나타내고 답을 구하시오.

식: $5000-(4200\div6\times3+2000\div5\times2)$

답: 2100원

문제 2 | 보기와 같이 풀이가 옳은 것은 ○로 표시하고, 틀린 것은 바르게 고쳐 계산하시오.

보기

① $67-(14+5)=67-19$
$=48$

② $12+9\times4=21\times4$
$=84$

$12+9\times4=12+36$
$=48$

선생님만 보세요 문제 2 혼합계산에 대한 풀이를 다른 사람의 풀이과정을 검토하여 옳고 그름을 판단하고, 틀린 것은 수정한다.

178p

(1) $69-57\div3=12\div3$
$=4$
$69-57\div3=69-19$
$=50$

(2) $87\div3\times5=29\times5$
$=145$

(3) $90\times8+3=90\times11$
$=990$
$90\times8+3=720+3$
$=723$

(4) $30\times(8+4)\div6=30\times12\div6$
$=30\div2$
$=15$
$30\times(8+4)\div6=30\times12\div6$
$=360\div6$
$=60$

(5) $60+7\times(21-9)=60+7\times12$
$=60+84$
$=144$

(6) $(45+19)\div(8\times2)=64\div(8\times2)$
$=64\div16$
$=4$

179p

10일차 계산을 간편하게 하는 방법

공부한 날짜 월 일

문제 1 | 왼쪽 식의 빈칸에 알맞은 수를 넣고, 같은 방법으로 오른쪽 식의 답을 구하시오.

(1)

$72\times8=(\boxed{70}+2)\times8$
$=\boxed{70}\times8+2\times8$
$=\boxed{560}+16$
$=\boxed{576}$

$63\times7=(60+3)\times7$
$=60\times7+3\times7$
$=420+21$
$=441$

(2)

$105\times7=(\boxed{100}+5)\times7$
$=\boxed{100}\times7+5\times7$
$=\boxed{700}+35$
$=\boxed{735}$

$109\times8=(100+9)\times8$
$=100\times8+9\times8$
$=800+72$
$=872$

문제 1 괄호를 사용하면 계산 과정을 더 간편하게, 즉 암산으로 풀이할 수 있는 문제다. 분배법칙 적용 이전에 $4\times25=100$과 $8\times125=1000$이라는 곱셈식의 값을 미리 알면, 분배법칙 적용을 훨씬 쉽게 파악할 수 있다.

180p

(3)

$9\times46=9\times(\boxed{40}+6)$
$=9\times\boxed{40}+9\times6$
$=\boxed{360}+54$
$=\boxed{414}$

$6\times83=6\times(80+3)$
$=6\times80+6\times3$
$=480+18$
$=498$

(4)

$8\times108=8\times(\boxed{100}+8)$
$=8\times\boxed{100}+8\times8$
$=\boxed{800}+64$
$=\boxed{864}$

$5\times109=5\times(100+9)$
$=5\times100+5\times9$
$=500+45$
$=545$

(5)

$49\times7=(\boxed{50}-1)\times7$
$=\boxed{50}\times7-1\times7$
$=\boxed{350}-7$
$=\boxed{343}$

$57\times4=(60-3)\times4$
$=60\times4-3\times4$
$=240-12$
$=228$

181p

(6)

$98\times7=(\boxed{100}-2)\times7$
$=\boxed{100}\times7-2\times7$
$=\boxed{700}-14$
$=\boxed{686}$

$99\times6=(100-1)\times6$
$=100\times6-1\times6$
$=600-6$
$=594$

(7)

$9\times29=9\times(\boxed{30}-1)$
$=9\times\boxed{30}-9\times1$
$=\boxed{270}-9$
$=\boxed{261}$

$7\times78=7\times(80-2)$
$=7\times80-7\times2$
$=560-14$
$=546$

(8)

$6\times98=6\times(\boxed{100}-2)$
$=6\times\boxed{100}+6\times2$
$=\boxed{600}-12$
$=\boxed{588}$

$4\times97=4\times(100-3)$
$=4\times100-4\times3$
$=400-12$
$=388$

+ 정답 ÷

182p

(9)

25×12=25×4×3
=100×3
=300

25×24=25×4×6
=100×6
=600

(10)

28×25=7×4×25
=7×100
=700

36×25=9×4×25
=9×100
=900

(11)

125×16=125×8×2
=1000×2
=2000

125×56=125×8×7
=1000×7
=7000

182

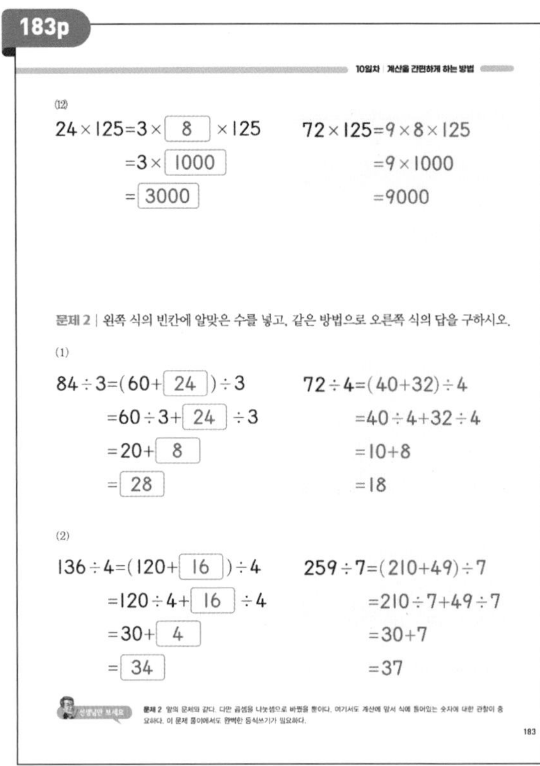

183p

10일차 | 계산을 간편하게 하는 방법

(12)

24×125=3×8×125
=3×1000
=3000

72×125=9×8×125
=9×1000
=9000

문제 2 | 왼쪽 식의 빈칸에 알맞은 수를 넣고, 같은 방법으로 오른쪽 식의 답을 구하시오.

(1)

84÷3=(60+24)÷3
=60÷3+24÷3
=20+8
=28

72÷4=(40+32)÷4
=40÷4+32÷4
=10+8
=18

(2)

136÷4=(120+16)÷4
=120÷4+16÷4
=30+4
=34

259÷7=(210+49)÷7
=210÷7+49÷7
=30+7
=37

183

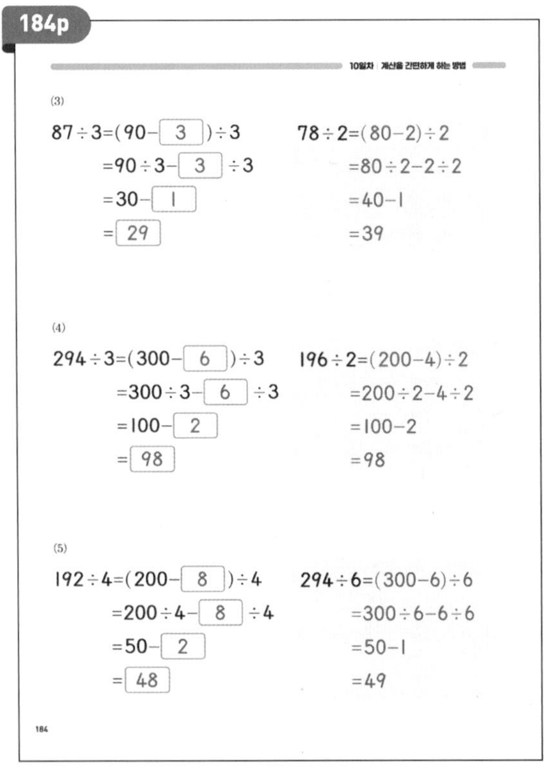

184p

10일차 | 계산을 간편하게 하는 방법

(3)

87÷3=(90−3)÷3
=90÷3−3÷3
=30−1
=29

78÷2=(80−2)÷2
=80÷2−2÷2
=40−1
=39

(4)

294÷3=(300−6)÷3
=300÷3−6÷3
=100−2
=98

196÷2=(200−4)÷2
=200÷2−4÷2
=100−2
=98

(5)

192÷4=(200−8)÷4
=200÷4−8÷4
=50−2
=48

294÷6=(300−6)÷6
=300÷6−6÷6
=50−1
=49

184

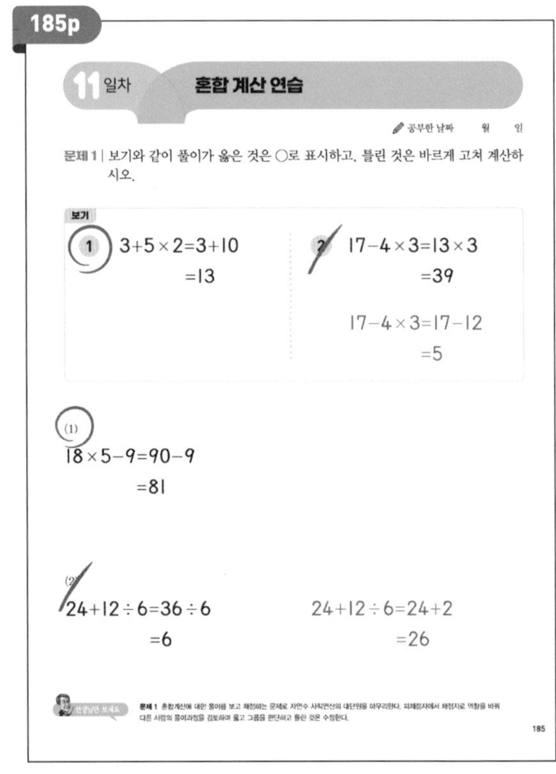

185p

11일차 혼합 계산 연습

공부한 날짜 월 일

문제 1 | 보기와 같이 풀이가 옳은 것은 ○로 표시하고, 틀린 것은 바르게 고쳐 계산하시오.

보기

① 3+5×2=3+10
=13

② 17−4×3=13×3
=39

17−4×3=17−12
=5

(1) 18×5−9=90−9
=81

(2) 24+12÷6=36÷6
=6

24+12÷6=24+2
=26

185

186p

(3)
$8\div2\times13=4\times13$
$=52$

(4)
$35+7\times6=42\times6$
$=252$

$35+7\times6=35+42$
$=77$

(5)
$62-(17+34)=62-51$
$=11$

186

187p

11일차 혼합 계산 연습

(6)
$(54+42)\div8=96\div8$
$=12$

(7)
$72-54\div9=18\div9$
$=2$

$72-54\div9=72-6$
$=66$

(8)
$36+72\div(9\times2)=36+72\div18$
$=108\div18$
$=6$

$36+72\div(9\times2)=36+72\div18$
$=36+4$
$=40$

187

188p

(9) $16\times7+56\div4=112+56\div4$
$=112+14$
$=126$

(10) $92-(14+18)\div4=92-32\div4$
$=60\div4$
$=15$

$92-(14+18)\div4=92-32\div4$
$=92-8$
$=84$

188

189p

11일차 혼합 계산 연습

(11) $18\times5-12\div3+7=90-12\div3+7$
$=78\div3+7$
$=26+7=33$
$=33$

$18\times5-12\div3+7=90-12\div3+7$
$=90-4+7$
$=86+7$
$=93$

(12) $108-72\div18+5\times4=36\div18+5\times4$
$=2+5\times4$
$=7\times4$
$=28$

$108-72\div18+5\times4=108-4+5\times4$
$=108-4+20$
$=104+20$
$=124$

189

+ 정답 ÷

190p

(13) $372-54\div3\times(2+7)=372-54\div3\times9$
$=372-18\times9$
$=372-162$
$=210$

(14) $480-(60+42)\div3\times10=480-102\div3\times10$
$=378\div3\times10$
$=126\times10$
$=1260$

$480-(60+42)\div3\times10=480-102\div3\times10$
$=480-34\times10$
$=480-340$
$=140$

191p

(15) $320-54+18\times(6\div3)=320-54+18\times2$
$=320-54+36$
$=266+36$
$=302$

(16) $840\div4-(34+53)\times2=840\div4-87\times2$
$=210-87\times2$
$=123\times2$
$=246$

$840\div4-(34+53)\times2=840\div4-87\times2$
$=210-87\times2$
$=210-174$
$=36$

박영훈 선생님의

생각하는 초등연산

박영훈의 생각하는 연산이란?

계산 문제집과 『박영훈의 생각하는 연산』의 차이

	기존 계산 문제집	박영훈의 생각하는 연산
수학 vs. 산수	수학이 없다. 계산 기능만 있다.	연산도 수학이다. 생각해야 한다.
교육 vs. 훈련	교육이 없다. 훈련만 있다.	연산은 훈련이 아닌 교육이다.
교육원리 vs, 맹목적 반복	교육원리가 없다. 기계적인 반복 연습만 있다.	교육적 원리에 따라 사고를 자극하는 활동이 제시되어 있다.
사람 vs. 기계	사람이 없다. 싸구려 계산기로 만든다.	우리 아이는 생각할 수 있는 지적인 존재다.
한국인 필자 vs. 일본 계산문제집 모방	필자가 없다. 옛날 일본에서 수입된 학습지 형태 그대로이다.	수학교육 전문가와 초등교사들의 연구모임에서 집필했다.

계산문제집의 역사

초등학교에서 계산이 중시되었던 유래는 백여 년 전 일제 강점기로 거슬러 올라갑니다. 당시 일제의 교육목표는, 국민학교(당시 초등학교)를 졸업하자마자 상점이나 공장에서 취업할 수 있도록 간단한 계산능력을 기르는 것이었습니다.
이후 보통교육이 중등학교까지 확대되지만, 경쟁률이 높아지면서 시험을 위한 계산 기능이 강조될 수밖에 없었습니다. 이에 발맞추어 구몬과 같은 일본의 계산 문제집들이 수입되었고, 우리 아이들은 무한히 반복되는 기계적인 계산 훈련을 지금까지 강요당하게 된 것입니다. 빠르고 정확한 '계산'과 '수학'이 무관함에도 어른들의 무지로 인해 21세기인 지금도 계속되는 안타까운 현실이 아닐 수 없습니다.
이제는 이런 악습에서 벗어나 OECD 회원국의 자녀로 태어난 우리 아이들에게 계산 기능의 훈련이 아닌 수학으로서의 연산 교육을 제공해야 하지 않을까요?

문제를 풀면서 스스로 원리를 터득하고
문제를 풀 때마다 스스로 개념을 확장하는 놀라운 연산 학습서!

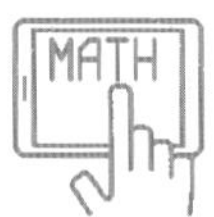

무엇이든 물어보세요!

박영훈 선생님께 질문이 있다면 메일을 보내주세요.

slowmathpark@gmail.com

박영훈의 느린수학 시리즈 출간 소식이 궁금하다면,
slowmathpark@gmail.com로
이름/연락처를 보내주세요.

연락처를 보내주신 분들은 문자 또는 SNS,
이메일을 통한 소식받기에 동의한 것으로 간주하며,
<박영훈의 느린 수학>의 새로운 소식을 보내드립니다!